Bilanz- und Erfolgsanalyse

Lösungen

Jürg Leimgruber
Urs Prochinig

Bilanz- und Erfolgsanalyse

Lösungen

VERLAG:SKV

Dr. Jürg Leimgruber
und
Dr. Urs Prochinig

schlossen ihre Studien an der Universität Zürich mit dem Doktorat ab. Sie verfügen über Abschlüsse als MBA (Master of Business Administration) und MASSHE (Master of Advanced Studies in Secondary and Higher Education). Nebst ihrer wissenschaftlichen Tätigkeit arbeiten sie als Unternehmensberater und als Dozenten in der Erwachsenenbildung. Sie sind Mitglieder verschiedener eidg. Prüfungsgremien.

9. Auflage 2016

ISBN 978-3-286-31929-5

www.verlagskv.ch

Umschlag: Brandl & Schärer AG
Titelbild: Intellekt und Intuition von Benno Schulthess, Widen

Vorwort zur 9. Auflage

Die 8. Auflage fand bei der Leserschaft eine sehr gute Aufnahme. Deshalb nahmen die Autoren in der 9. Auflage nur wenige Änderungen vor. Die beiden Auflagen können im Unterricht mit der gebotenen Vorsicht gleichzeitig verwendet werden.

Die wichtigsten Änderungen sind:

Theorieteil

Seite	Änderung
20	Die Beteiligungen wurden bei den Bewertungsvorschriften für ausgewählte Aktiven entfernt.
84 ff.	Die Zahlen wurden geändert. Neu wird die Kapitalbindungsdauer ausgewiesen.

Aufgabenteil

Aufgabe	Änderung
2.01	Die Aufgabe wurde gekürzt.
2.03	Die frühere Aufgabe 2.04 wurde um die Bilanz für Analysezwecke erweitert.
2.04	Entspricht der früheren Aufgabe 2.03.
2.39	Die Aktien sind nicht börsenkotiert.
2.64 / 2.68	Der Gewinnvortrag wird nicht separat ausgewiesen; er ist Teil der Reserven.
3.02	Teilaufgabe a) ist neu in Multiple-Choice-Form.
3.18	Diese Aufgabe ist zusätzlich.
5.22 / 5.23	Neu wird zwischen Kapital- und Gewinnreserven unterschieden.
6.02	Die Aufgabe wurde um Zahlen erweitert.
6.07 / 6.08	Diese Aufgaben sind zusätzlich. Die anschliessenden Aufgaben wurden umnummeriert.
7.14 / 7.15	Diese Aufgaben sind zusätzlich.
7.16 / 7.17	Diese Aufgaben entsprechen den bisherigen Aufgaben 6.11 und 6.12. Bei 7.16 wird neu zwischen Kapital- und Gewinnreserven unterschieden.
7.18	Diese Aufgabe ist zusätzlich.
7.19	Diese Aufgabe (Fallstudie) entspricht der früheren Aufgabe 7.14.

Wir wünschen weiterhin viel Spass und Erfolg beim Lehren und Lernen.

Forch und Rafz, Mai 2016 Die Autoren

Inhaltsverzeichnis

Aufbereitung des Zahlenmaterials[1]

a) Gliederung

2.01

Bilanz

	Aktiven	Passiven	
Umlaufvermögen	Flüssige Mittel	Kurzfristiges Fremdkapital	Fremdkapital
	Forderungen		
	Vorräte	Langfristiges Fremdkapital	
Anlagevermögen	Finanzielles Anlagevermögen		
	Sachanlagen (Materielles Anlagevermögen)	Aktienkapital	Eigenkapital
		Kapitalreserven	
	Immaterielles Anlagevermögen	Gewinnreserven	

Weitere Konten siehe Kontenrahmen KMU im Anhang.

[1] Zu Kapitel 1 bestehen keine Aufgaben.

2.02

Nr.	Sachverhalte	Aktiven						Passiven			
		Umlaufvermögen			Anlagevermögen			Fremdkapital		Eigenkapital	
		Flüssige Mittel	Forderungen	Vorräte	Materielles	Finanzielles	Immaterielles	Kurzfristiges	Langfristiges	Aktienkapital	Reserven
1	Aktienkapital									X	
2	Beteiligungen					X					
3	Festgelder bis 90 Tage	X									
4	Delkredere		X								
5	Fahrzeuge				X						
6	Debitoren		X								
7	Wertberichtigung Immobilien				X						
8	Obligationenanleihe								X		
9	Rückstellungen							X	X		
10	Anzahlungen an Warenlieferanten			X							
11	Aktive Rechnungsabgrenzung		X								
12	Unfertige Erzeugnisse			X							
13	Gewinnvortrag										X
14	(Passiv-)Hypotheken								X		
15	Gewinnreserven										X
16	Passive Rechnungsabgrenzung							X			
17	Post	X									
18	Liegenschaften				X						
19	Bankkontokorrent (Saldo zu unseren Lasten)							X			
20	Patente						X				

2.03

Bilanz (Mindestgliederung nach Obligationenrecht)

Aktiven			Passiven		
Umlaufvermögen			**Kurzfristiges Fremdkapital**		
Flüssige Mittel und kurzfristige Aktiven mit Börsenkurs	7		Verbindlichkeiten aus Lieferungen und Leistungen	28	
Forderungen aus Lieferungen und Leistungen	46		Kurzfristige verzinsliche Verbindlichkeiten	13	
Übrige kurzfristige Forderungen	2		Übrige kurzfristige Verbindlichkeiten	7	
Vorräte	25		Passive Rechnungsabgrenzungen	6	54
Aktive Rechnungsabgrenzungen	4	84			
			Langfristiges Fremdkapital		
			Langfristige verzinsliche Verbindlichkeiten	63	
			Rückstellungen	7	70
Anlagevermögen			**Eigenkapital**		
Finanzanlagen	7		Aktienkapital	40	
Beteiligungen	11		Gesetzliche Kapitalreserve	12	
Sachanlagen	95		Gesetzliche Gewinnreserve	13	
Immaterielle Werte	6		Freiwillige Gewinnreserven	32	
Nicht einbezahltes Aktienkapital	10	129	Eigene Aktien	– 8	89
		213			213

Bilanz (Gliederung für die Analyse)

Aktiven			Passiven		
Umlaufvermögen			**Fremdkapital**		
Flüssige Mittel	7		Kurzfristiges Fremdkapital	54	
Forderungen	52		Langfristiges Fremdkapital	70	124
Vorräte	25	84			
			Eigenkapital		
			Aktienkapital	40	
Anlagevermögen			Kapitalreserven	12	
Finanzanlagen	18		Gewinnreserven	45	
Sachanlagen	95		Eigene Aktien	– 8	
Immaterielle Anlagen	6	119	Nicht einbezahltes Aktienkapital	– 10	79
		203			203

2.04

Nr.	Konto	Klassen								
		1	2	3	4	5	6	7	8	9
1	Aktienkapital		X							
2	Sozialversicherungsaufwand					X				
3	Materialaufwand				X					
4	Steuern (Aufwand)								X	
5	Zinsaufwand (für betriebliches Kontokorrent)						X			
6	Warenertrag			X						
7	Erfolgsrechnung									X
8	Wertschriftenertrag (Nebenbetrieb)							X		
9	Dividenden(schuld)		X							
10	Debitorenverluste			X						
11	Warenaufwand				X					
12	Ausserordentlicher Aufwand								X	
13	Betriebsfremder Aufwand								X	
14	Bilanz									X
15	Kapitalreserven		X							
16	Obligationenanleihe		X							
17	Nicht fakturierte Dienstleistungen	X								
18	Abschreibungen						X			
19	Raumaufwand						X			
20	Bestandesänderungen unfertige und fertige Erzeugnisse			X						

2.05

Erfolgsrechnung

	Nettoerlös aus Lieferungen und Leistungen (Produktionserlös)	780
+	Bestandesänderung unfertige und fertige Erzeugnisse	20
=	**Produktionsertrag (Betriebsertrag)**	**800**
./.	Materialaufwand	– 200
./.	Personalaufwand	– 300
./.	Übriger Betriebsaufwand	– 180
=	**Ergebnis vor Zinsen, Steuern und Abschreibungen (EBITDA)**	**120**
./.	Abschreibungen	– 70
=	**Ergebnis vor Zinsen und Steuern (EBIT)**	**50**
+	Finanzertrag	3
./.	Finanzaufwand	– 8
=	**Betriebsgewinn vor Steuern**	**45**
+	Betriebsfremder Ertrag	9
./.	Betriebsfremder Aufwand	– 6
+	Ausserordentlicher Ertrag	2
./.	Ausserordentlicher Aufwand	– 15
=	**Unternehmensgewinn vor Steuern**	**35**
./.	Steuern	– 7
=	**Unternehmensgewinn (Jahresgewinn)**	**28**

2.06

a)

Produktions-Erfolgsrechnung

	Nettoerlös aus Lieferungen und Leistungen	750
+	Bestandeszunahme fertige Erzeugnisse	30
./.	Bestandesabnahme unfertige Erzeugnisse	– 10
=	**Produktionsertrag (Betriebsertrag)**	**770**
./.	Materialaufwand	– 300
./.	Personalaufwand	– 200
./.	Übriger Betriebsaufwand	– 140
./.	Abschreibungen	– 60
=	**Ergebnis vor Zinsen und Steuern (EBIT)**	**70**
./.	Zinsaufwand	– 20
=	**Betriebsgewinn vor Steuern**	**50**
+	Betriebsfremder Ertrag	5
./.	Ausserordentlicher Aufwand	– 15
=	**Unternehmensgewinn vor Steuern**	**40**
./.	Steuern	– 8
=	**Unternehmensgewinn (Jahresgewinn)**	**32**

Absatz-Erfolgsrechnung

	Nettoerlös aus Lieferungen und Leistungen	750
./.	Herstellkosten verkaufte Erzeugnisse	– 550
./.	Verwaltungs- und Vertriebskosten	– 130
=	**Ergebnis vor Zinsen und Steuern (EBIT)**	**70**
./.	Zinsaufwand	– 20
=	**Betriebsgewinn vor Steuern**	**50**
+	Betriebsfremder Ertrag	5
./.	Ausserordentlicher Aufwand	– 15
=	**Unternehmensgewinn vor Steuern**	**40**
./.	Steuern	– 8
=	**Unternehmensgewinn (Jahresgewinn)**	**32**

b) Der Personalaufwand und die Abschreibungen müssen ausgewiesen werden.

2.07

Erfolgsrechnung

	Warenertrag	230
./.	Warenaufwand (160 – 10)	–150
=	**Bruttogewinn**	**80**
./.	Personalaufwand	– 45
./.	Übriger Betriebsaufwand	– 20
./.	Abschreibungen	– 11
=	**Ergebnis vor Zinsen und Steuern (EBIT)**	**4**
./.	Finanzaufwand	– 5
=	**Betriebsverlust**	**– 1**
+	Betriebsfremder Ertrag	9
./.	Betriebsfremder Aufwand	– 4
+	Ausserordentlicher Ertrag	16
=	**Unternehmensgewinn vor Steuern**	**20**
./.	Steuern	– 5
=	**Unternehmensgewinn (Jahresgewinn)**	**15**

2.08

Balance sheet

Assets			Liabilities and equity		
Current assets			**Liabilities**		
Cash and cash equivalents	8		Short-term liabilities	22	
Accounts receivable	17		Long-term liabilities	13	35
Inventories	7	32			
Fixed assets			**Equity**		
Tangible fixed assets (PPE)	20		Share capital	2	
Financial fixed assets (participations)	6		Share premium	9	
Intangible fixed assets	1	27	Retained earnings	13	24
		59			59

2.09

Income statement (Profit and loss account)

	Net sales	66
+	Increase of half-finished and finished goods	1
=	**Income from production (operating revenue)**	**67**
./.	Cost of material	– 18
./.	Personnel expenses	– 21
./.	Depreciation and amortization	– 6
./.	Other operating expenses	– 15
=	**Earnings before interest and taxes (EBIT)**	**7**
+	Financial revenues	1
./.	Financial expenses	– 3
=	**Income before taxes**	**5**
./.	Taxes	– 2
=	**Net income (profit)**	**3**

Erfolgsrechnung (Gewinn- und Verlustrechnung)

	Verkaufserlöse netto	66
+	Zunahme unfertige und fertige Erzeugnisse	1
=	**Produktionsertrag (Betriebsertrag)**	**67**
./.	Materialaufwand	– 18
./.	Personalaufwand	– 21
./.	Abschreibungen	– 6
./.	Übriger Betriebsaufwand	– 15
=	**Ergebnis vor Zinsen und Steuern**	**7**
+	Finanzertrag	1
./.	Finanzaufwand	– 3
=	**Gewinn vor Steuern**	**5**
./.	Steuern	– 2
=	**Gewinn nach Steuern**	**3**

b) Bewertung

2.30

a) Bei den Aktiven steht der Kassabestand in CHF eindeutig fest. Für Guthaben in CHF bei der Post und bei erstklassigen Banken lässt sich der Wert auch klar bestimmen. Ebenso steht der Wert von Verbindlichkeiten in CHF wie Kreditoren oder Passivdarlehen fest.

b) Der Abschreibungsbetrag muss geschätzt werden. Dieser hängt unter anderem von der erwarteten Nutzungsdauer und vom Abschreibungsverfahren ab. Der technische Fortschritt muss unter Umständen auch berücksichtigt werden.

c) Es ist möglich, dass einzelne Debitoren die Rechnung nicht bezahlen und Debitorenverluste entstehen (Delkredere). Bei Debitoren in Fremdwährung stellt sich zusätzlich die Frage nach dem richtigen Umrechnungskurs.

d) Beim Fremdkapital sind vor allem die Rückstellungen in ihrer Höhe unbestimmt. Bei Kreditoren oder Passivdarlehen in Fremdwährung stellt sich das Umrechnungsproblem.

e) Das Eigenkapital ergibt sich als Saldo der Bilanz.

2.31

a)

Schlussbilanz (Überbewertung)

Aktiven			Passiven
Flüssige Mittel	10	Fremdkapital	130
Forderungen	90	Aktienkapital	100
Warenvorrat	80	Gesetzliche Gewinnreserve	40
Übrige Aktiven	140	**Gewinn**	**50**
	320		320

b)

Schlussbilanz (Unterbewertung)

Aktiven			Passiven
Flüssige Mittel	10	Fremdkapital	130
Forderungen	90	Aktienkapital	100
Warenvorrat	40	Gesetzliche Gewinnreserve	40
Übrige Aktiven	140	**Gewinn**	**10**
	280		280

c) **Sicht der Unternehmung:** Der mit einer Überbewertung verbundene hohe Gewinnausweis birgt die Gefahr hoher Gewinnausschüttungen, die zu Liquiditätsproblemen und damit einer Schwächung der Unternehmung führen. Eine Unterbewertung bewirkt das Gegenteil und führt tendenziell zu einer Stärkung der Unternehmung

Sicht der Gläubiger: Bei der Überbewertung wird die Vermögens- und Ertragslage der Unternehmung besser dargestellt, als es der Wirklichkeit entspricht. Dadurch werden die Gläubiger getäuscht: Z. B. könnten ein Lieferant oder eine Bank im Vertrauen auf die vorgespiegelte gute finanzielle Lage einen Kredit gewähren, der sich im Nachhinein als gefährdet erweist. Im Falle der Unterbewertung kann sich der Gläubiger sicher fühlen, indem er sich darauf verlassen kann, dass die Vermögens- und Ertragslage in Wirklichkeit eher noch besser als dargestellt ist.

Sicht der Aktionäre: Durch die mit der Überbewertung tendenziell verbundenen hohen Gewinnausschüttungen entsteht den Aktionären nur ein kurzfristiger Vorteil. Insgesamt wird ihre Gesellschaft geschwächt, und für die Aktionäre steigt das Risiko, den Wert ihrer Aktien im Falle eines Konkurses zu verlieren. Die mit einer Unterbewertung verbundene geringere Dividendenausschüttung wird im Allgemeinen durch die Wertsteigerung der Aktie wettgemacht. Insgesamt problematisch ist bei Über- und Unterbewertung die Tatsache, dass die Aktionäre, d. h. die Eigentümer der Aktiengesellschaft, die wirkliche Vermögens- und Ertragslage ihrer Unternehmung nicht kennen.

Sicht der Steuerbehörden: Der Staat ist nicht darauf aus, kurzfristig möglichst viele Steuereinnahmen zu erzielen. Er hat vielmehr Interesse an finanziell gesunden, für sichere Arbeitsplätze sorgenden, regelmässig Steuern zahlenden Unternehmungen. Er lehnt deshalb eine Überbewertung ebenso ab wie eine zu starke Unterbewertung.

d) Da eine Überbewertung für alle Beteiligten nur Nachteile hat, ist sie gesetzlich verboten.

2.32

Aktiven dürfen nach OR 960a grundsätzlich höchstens zu Anschaffungs- oder Herstellkosten bewertet werden. Hier bildet der Anschaffungswert von Fr. 3250315 die Bewertungsobergrenze.

2.33

Nach OR 960a dürfen Aktiven höchstens zum Anschaffungswert bilanziert werden, und Wertverluste müssen durch Wertberichtigungen berücksichtigt werden.

OR 960 verlangt grundsätzlich eine Einzelbewertung, d. h., der unrealisierte Gewinn der Geschäftsliegenschaft darf nicht mit dem unrealisierten Verlust der Wohnliegenschaft verrechnet werden. Es wird angenommen, dass die beiden völlig verschiedenen Liegenschaften nicht in einer Gruppe zusammengefasst werden können.

	Geschäftsliegenschaft	4 110 452
+	Betriebsfremde Wohnliegenschaft	2 000 000
=	**Bilanzwert**	**6 110 452**

2.34

	Bruttoankaufspreis	440 000
./.	Rabatt 15%	– 66 000
=	Nettoankaufspreis	374 000
+	Bezugskosten	10 000
+	Montagekosten	16 000
=	**Anschaffungswert Anfang 20_1**	**400 000**
./.	Abschreibung Jahr 20_1	– 60 000
=	**Buchwert Ende 20_1**	**340 000**
./.	Abschreibung Jahr 20_2	– 60 000
=	**Buchwert Ende 20_2**	**280 000**

a) Die Anlage darf höchstens zum Buchwert von Fr. 280 000 bilanziert werden.

b)

Bilanz per 31. 12. 20_2 (in Fr. 1000)

Aktiven			Passiven
Maschine	400		
./. WB Maschine	– 120	280	

c) Abschreibungen / Wertberichtigung Maschine 60

2.35

a) 50

b) In den ersten vier Jahren betrug die jährliche Abschreibung je 50. Der Buchwert der Spinnmaschine zu Beginn des 5. Jahres ist 340 (540 – 200).

Die Abschreibung im 5. Jahr beträgt 170 (340 : 2 Jahre). Vgl. dazu auch Swiss GAAP FER 18/11.

2.36

a) Nach OR 960c bildet bei Warenvorräten der Anschaffungswert (Einstandswert) auf jeden Fall die Bewertungsobergrenze, das ist hier Fr. 500. Bei 10 Fahrrädern ergibt sich ein Bilanzwert von Fr. 5000.

b) Liegt der Nettoveräusserungswert von Warenvorräten unter dem Anschaffungswert, darf höchstens dieser in die Bilanz eingesetzt werden, das ist hier Fr. 470. Bei zehn Fahrrädern ergibt sich ein Bilanzwert von Fr. 4700.

c) Warenaufwand / Warenvorrat 300.

2.37

Nach OR 960b dürfen Aktiven mit Börsenkurs höchstens zum Kurs am Bilanzstichtag bilanziert werden, und Wertverluste müssen durch Abschreibungen berücksichtigt werden.

a) Fr. 102 000

b) Fr. 99 000

2.38

a) Wertschriften / Wertschriftenertrag 8
Wertschriftenertrag[1] / Wertberichtigung Wertschriften (Schwankungsreserve) 8

b) Wertschriftenaufwand / Wertschriften 11
Wertberichtigung Wertschriften (Schwankungsreserven) / Wertschriftenaufwand[2] 8

2.39

a) Fr. 300

b) Fr. 280

2.40

a) Es muss eine Rückstellung von mindestens Fr. 500000 gebildet werden.

b) Die Rückstellung dürfte höher, aber nicht tiefer festgesetzt werden (OR 960e).

2.41

Bei planmässiger Abschreibung beträgt der Buchwert des Mobiliars Ende 20_5 (nach fünf Jahren Nutzungsdauer) Fr. 150000, was dem nach OR 960a höchstens bilanzierbaren Wert entspricht.

Es ist davon auszugehen, dass die erfolgreiche Schule fortgeführt wird, weshalb bei der Bilanzierung der Fortführungswert von Fr. 150000 massgeblich ist und nicht der Veräusserungswert von Fr. 80000 (OR 958a).

[1] oder Wertschriftenaufwand

[2] oder Wertschriftenertrag

2.42

a) Höchstens zu Herstellungskosten von 250 (OR 960a)

b) Fertige Erzeugnisse / Bestandesänderungen fertige Erzeugnisse 20

2.43

Vorsichtsprinzip

Realisationsprinzip	Niederstwertprinzip	Imparitätsprinzip
Allgemein **Gewinne dürfen erst ausgewiesen werden, wenn sie durch Verkauf erzielt worden sind.**	Allgemein **Von mehreren für die Bewertung zur Verfügung stehenden Werten muss der niedrigste genommen werden.**	Allgemein ***Gewinne* dürfen erst ausgewiesen werden, wenn sie durch Verkauf erzielt worden sind (= Realisationsprinzip); *Verluste* müssen dagegen schon gezeigt werden, wenn deren Eintritt möglich ist.**
Vorräte **Nach OR 960a dürfen Vorräte (Aktiven) nicht schon zu Verkaufspreisen bilanziert werden, sondern höchstens zu Anschaffungs- bzw. Herstellungskosten.**	Vorräte **Nach OR 960c müssen für die Bilanzierung der Anschaffungswert und der Nettoveräusserungswert miteinander verglichen werden; der niedrigere von beiden ist zu wählen.**	Vorräte **Steigt der Nettoveräusserungswert der Vorräte am Bilanzstichtag über den Anschaffungswert (= unrealisierter Gewinn), darf nicht aufgewertet werden; sinkt der Nettoveräusserungswert unter den Anschaffungswert (= unrealisierter Verlust), muss abgewertet werden.**

2.44

Bilanz A

Der Verwaltungsrat beruft unverzüglich eine Generalversammlung ein und beantragt ihr Sanierungsmassnahmen.

Bilanz B

Bei einer Überschuldung muss der Verwaltungsrat den Richter benachrichtigen, der in der Regel den Konkurs über die Aktiengesellschaft eröffnet.

2.45

Schlussbilanz vor Gewinnverbuchung per 31. 12. 20_5

Aktiven			Passiven		
Umlaufvermögen			**Fremdkapital**		
Kasse (90 + 100 • 1.16)	206		Kreditoren (180 + 200 • 1.20)	420	
Bank	260		Rückstellungen	120	540
Debitoren (180 + 300 • 1.18)	534		**Eigenkapital**		
Warenvorrat	300	1 300	Aktienkapital	800	
			Gesetzliche Kapitalreserve	100	
			Gesetzliche Gewinnreserve	140	
Anlagevermögen			Freiwillige Gewinnreserven	310	
Sachanlagen	1 460		Gewinnvortrag	40	
./. Wertberichtigung	– 700	760	Gewinn	130	1 520
		2 060			2 060

2.46

a) Das ist ein Verstoss gegen das Verrechnungsverbot von OR 958c Ziff. 7.

b) Das Gebot der Klarheit von OR 958c Ziff. 1 ist verletzt.
Ausserdem müssen gemäss den Gliederungsvorschriften von OR 959a Abs. 1 Ziff. 2 Sachanlagen und immaterielle Werte separat ausgewiesen werden.

c) Die Verbindlichkeiten sind nicht vollständig aufgeführt (OR 958c Ziff. 2).

d) Ausserordentlicher, einmaliger oder periodenfremder Aufwand muss in der Erfolgsrechnung separat aufgeführt werden (OR 959b). Allerdings ist im vorliegenden Fall die Verrechnung mit den Abschreibungen korrekt, weil es sich um einen unwesentlichen Betrag handelt (OR 958c Ziff. 4).

e) Es handelt sich um einen Verstoss gegen die Stetigkeit in Darstellung und Bewertung (OR 958c Ziff. 6).
Ein Wechsel ist in der Praxis ausnahmsweise möglich, er muss indes gemäss OR 959c Abs. 1 Ziff. 1 im Anhang offengelegt werden.

f) Das ist ein Verstoss gegen das Verrechnungsverbot von OR 958c Ziff. 7.
Ausserdem müssen gemäss den Gliederungsvorschriften von OR 959b Aufwände und Erträge separat ausgewiesen werden.

g) Das Vorsichtsprinzip erlaubt eine Unterbewertung von Aktiven und eine Überbewertung von Verbindlichkeiten (OR 958c Ziff. 5).
Verdeutlicht wird das Prinzip im vorliegenden Fall in OR 960a, wonach die Vorräte *höchstens* zu den Anschaffungs- oder Herstellungskosten bilanziert werden dürfen. Eine Unterbewertung ist erlaubt und bei den KMU aus steuerlichen Gründen weit verbreitet.

h) Nach den Grundsätzen von Klarheit und Verständlichkeit von OR 958c Ziff. 1 ist das Weglassen von Rappen sogar wünschenswert, weil sich der Leser einen besseren Überblick verschaffen kann und nicht durch unbedeutende Ziffern vom Wesentlichen abgelenkt wird. Allenfalls könnte im vorliegenden Fall sogar eine Darstellung in Fr. 1000 ins Auge gefasst werden.

i) Das ist ein Verstoss gegen das Prinzip der Vollständigkeit von OR 958c Ziff 2.

Im Übrigen verlangt OR 960e Abs. 2 ausdrücklich die Bildung von Rückstellungen für vergangene Ereignisse, die einen künftigen Mittelabfluss erwarten lassen.

k) Die Bewertung ist korrekt, da von der Fortführung der Unternehmenstätigkeit ausgegangen werden kann (OR 958a Abs. 1).

2.47

Nach Ausbuchung des Verlusts über die Reserven ergibt sich folgendes Bilanzbild:

Bilanz

Aktiven			Passiven
Diverse Aktiven	5 000	Fremdkapital	3 800
		Aktienkapital	1 000
		Gesetzliche Reserve	200
	5 000		5 000

In Wirklichkeit hat die Industrie AG einen Verlust von 1000 erlitten, d.h. früher vorhandene Vermögenswerte verloren. Der Verlust konnte durch die Reserven nicht wirklich gedeckt werden; er wurde nur bilanzmässig zum Verschwinden gebracht.

2.48

Mit Reserven kann man nichts kaufen. Für die Renovation braucht die Hotel AG flüssige Mittel in der Höhe von 500. Sie verfügt aber nur über 30. Ob die fehlenden 470 mit Krediten finanziert werden können, ist aus dieser vereinfachten Bilanz nicht ersichtlich. Aber sicher können die Handwerker und Lieferanten nicht mit Reserven bezahlt werden.

Die Bildung der Reserven hat zwar früher einmal dazu beigetragen, den ausschüttungsfähigen Gewinn zu vermindern, und damit wurde der Abfluss an flüssigen Mitteln reduziert. Aber für eine Sanierung sind diese Beträge später nur hilfreich, wenn sie in Form von flüssigen Mitteln zur Verfügung stehen.

c) Stille Reserven

2.60

a)

Externe Schlussbilanz

Aktiven		Passiven	
Umlaufvermögen	40	Fremdkapital	30
Anlagevermögen	50	Aktienkapital	50
		Offene Reserven	10
	90		90

Interne Schlussbilanz

Aktiven		Passiven	
Umlaufvermögen	40	Fremdkapital	20
Anlagevermögen	70	Aktienkapital	50
		Offene Reserven	10
		Stille Reserven	**30**
	110		110

b)

Externe Schlussbilanz

Aktiven		Passiven	
Umlaufvermögen	40	Fremdkapital	30
Anlagevermögen	50	Eigenkapital	60

Interne Schlussbilanz

Aktiven		Passiven	
Umlaufvermögen	40	Fremdkapital	20
Anlagevermögen	70	Eigenkapital	90

c) Das Eigenkapital ist die Saldogrösse der Bilanz: Steigen die Aktiven oder sinkt das Fremdkapital, so erhöht sich der Saldo.

d) Die stillen Reserven sind für Aussenstehende still, d. h. nicht sichtbar.

e) Gemeinsamkeit: Offene und stille Reserven sind Eigenkapital.

Hauptunterschiede:

- Die offenen Reserven sind in der internen und der externen Bilanz sichtbar, die stillen nur in der internen.
- Die offenen Reserven entstehen durch Beschluss der Generalversammlung zur Gewinnverwendung. Die stillen Reserven werden durch den Verwaltungsrat zulasten der Erfolgsrechnung gebildet bzw. zugunsten der Erfolgsrechnung aufgelöst.

2.61

a)

Soll	Haben	Betrag
Abschreibungen	Anlagevermögen	10
Warenaufwand	Warenvorrat	20
Warenertrag	Rückstellungen	5

b) Sie will den extern ausgewiesenen Gewinn vermindern, damit weniger Steuern und potenziell weniger Dividenden bezahlt werden müssen.

c)

Externe Schlussbilanz 31. 12. 20_1

Aktiven			Passiven		
Umlaufvermögen			**Fremdkapital**		
Flüssige Mittel	10		Kreditoren	45	
Debitoren	50		Hypotheken	30	
Warenvorrat	40	100	Rückstellungen	5	80
			Eigenkapital		
			Aktienkapital	150	
Anlagevermögen			Offene Reserven	0	
Anlagevermögen		160	Gewinn	30	180
		260			260

2.62

a)

Aktiven (Vermögen)

Konto	Allgemeine Erklärung	Buchungssatz
Mobiliar, Maschinen, Fahrzeuge	Zu hohe Abschreibungen	**Abschreibungen/Mobilien**
Warenvorräte	Bilanzierung unter dem Einstandswert	**Warenaufwand/Warenvorrat**
Debitoren in Schweizer Franken	Delkredere zu hoch	**Debitorenverlust/Delkredere**
Debitoren in fremder Währung	Umrechnungskurse zu tief wählen	**Warenertrag/Debitoren**

Fremdkapital (Schulden)

Konto	Allgemeine Erklärung	Buchungssatz
Lieferantenkreditoren in fremder Währung	Umrechnungskurse zu hoch wählen	**Warenaufwand/Kreditoren**
Rückstellungen für Garantiearbeiten	Mehr Rückstellungen als nötig bilden	**Garantieaufwand (oder Warenertrag)/ Rückstellungen**

b) Im Soll wird immer ein Aufwand oder eine Erlösminderung gebucht.
Im Haben wird immer eine Aktivenverminderung oder eine Schuldzunahme gebucht.

c) Der extern ausgewiesene Gewinn ist gegenüber der Wirklichkeit zu klein.

2.63

Eröffnungsbilanz

Aktiven | Passiven

Aktiven	extern (unbereinigt)	Bereinigung	intern (bereinigt)	Passiven	extern (unbereinigt)	Bereinigung	intern (bereinigt)
Flüssige Mittel	50		50	Fremdkapital	390	– 50	340
Forderungen	120		120	Aktienkapital	300		300
Warenvorrat	240	120	360	Offene Reserven	220	–	220
Anlagevermögen	500	290	790	Stille Reserven	–	460	460
	910	410	1 320		910	410	1 320

Erfolgsrechnung

Aufwand | Ertrag

Aufwand	extern (unbereinigt)	Bereinigung	intern (bereinigt)	Ertrag	extern (unbereinigt)	Bereinigung	intern (bereinigt)
Warenaufwand	2 000	– 10	1 990	Warenertrag	4 000	20	4 020
Personalaufwand	1 000		1 000				
Abschreibungen	200	– 30	170				
Übriger Aufwand	700		700				
Gewinn	100	60	160				
	4 000	20	4 020		4 000	20	4 020

Schlussbilanz nach Gewinnverbuchung

Aktiven | Passiven

Aktiven	extern (unbereinigt)	Bereinigung	intern (bereinigt)	Passiven	extern (unbereinigt)	Bereinigung	intern (bereinigt)
Flüssige Mittel	40		40	Fremdkapital	400	– 70	330
Forderungen	140		140	Aktienkapital	300		300
Warenvorrat	260	130	390	Offene Reserven	270	–	270
Anlagevermögen	530	320	850	Stille Reserven	–	520	520
	970	450	1 420		970	450	1 420

2.64

a)

Jahr	Externe Rechnungen			Interne Rechnungen			Stille Reserven	
	Abschreibung	Buchwert in Schlussbilanz	Gewinn	Abschreibung	Buchwert in Schlussbilanz	Gewinn	Veränderung	Bestand Ende Jahr
1	240 000	**360 000**	30 000	100 000	**500 000**	170 000	b) + 140 000	**140 000**
2	144 000	**216 000**	c) 16 000	100 000	**400 000**	60 000	+ 44 000	**184 000**
3	86 400	**129 600**	33 600	100 000	**300 000**	20 000	– 13 600	**170 400**
4	51 840	**77 760**	e) 38 160	100 000	**200 000**	– 10 000	– 48 160	**122 240**

b) 140 000

	Externe Abschreibung	240 000
./.	Interne Abschreibung	– 100 000
=	Bildung stiller Reserven	140 000

c) 16 000

	Interner Gewinn	60 000
./.	Bildung stiller Reserven	– 44 000
=	Externer Gewinn	16 000

d) 300 400

	Externes Eigenkapital	130 000
+	Bestand an stillen Reserven	170 400
=	Internes Eigenkapital	300 400

e) In Wirklichkeit erzielte die Unternehmung einen Verlust von Fr. 10 000. Durch die Auflösung von stillen Reserven wird den Aktionären ein Gewinn von Fr. 38 160 vorgetäuscht.

Trotz effektivem Verlust müssen auf einem Gewinn von Fr. 38 160 Steuern entrichtet werden. Allgemein gilt: Früher bei der Bildung stiller Reserven «eingesparte» Steuern führen bei der Auflösung stiller Reserven zu einer höheren Steuerbelastung.

	Interner Verlust	– 10 000
+	Auflösung stiller Reserven	48 160
=	Externer (steuerbarer) Gewinn	38 160

2.65

	Eigenkapital gemäss Eröffnungsbilanz			Erfolg gemäss Erfolgsrechnung			Eigenkapital gemäss Schlussbilanz		
	Externer Wert	Anfangsbestand an stillen Reserven	Interner Wert	Externer Gewinn	Veränderug an stillen Reserven	Interner Gewinn	Externer Wert	Schlussbestand an stillen Reserven	Interner Wert
a)	200	0	200	40	+ 10	50	240	**10**	250
b)	240	10	250	40	0	40	280	**10**	290
c)	280	**10**	290	50	+ 20	70	330	**30**	360
d)	330	**30**	360	50	**+ 30**	80	380	**60**	440
e)	380	**60**	440	30	**+ 10**	40	410	70	480
f)	410	**70**	480	15	+ 5	20	425	**75**	500
g)	425	**75**	500	25	**+ 15**	40	450	**90**	540
h)	450	**90**	540	20	– 10	10	470	**80**	550
i)	470	**80**	550	10	**– 20**	Verlust 10	480	60	540

2.66

Nr.	Aussage	Richtig	Begründung, warum falsch
1	Von stillen Reserven spricht man deshalb, weil sie in der internen Bilanz nicht sichtbar sind.		Die stillen Reserven sind in der *externen* Bilanz nicht sichtbar.
2	In früheren Jahren gebildete und im Anfangsbestand enthaltene stille Reserven wirken sich nicht auf den Erfolg der laufenden Periode aus.	X	
3	Durch die Bildung von stillen Reserven wird der externe Gewinn der laufenden und der folgenden Perioden zu tief ausgewiesen.		Nur der Gewinn der laufenden Periode wird zu tief ausgewiesen.
4	Durch die Auflösung von stillen Reserven wird der externe Gewinn der laufenden Periode zu hoch ausgewiesen.	X	
5	Die Bildung von stillen Reserven auf den Debitorenbeständen erfolgt mit der Buchung: Delkredere / Debitorenverluste.		Die Buchung lautet umgekehrt: Debitorenverluste / Delkredere.
6	Durch die Bildung und Auflösung von stillen Reserven können die internen Gewinne manipuliert werden.		Die *externen* Gewinne werden manipuliert.
7	Durch die Bewertungsvorschriften des OR wird die Bildung von stillen Reserven praktisch unterbunden.		Im Gegenteil: Die OR-Vorschriften fördern die Bildung stiller Reserven.
8	Die Bildung von stillen Reserven ist nur auf Aktivkonten möglich.		Durch Überbewertung der Schulden (Fremdkapital) könnten auch stille Reserven gebildet werden.
9	Viele Unternehmen bewerten die Warenvorräte in ihren externen Bilanzen immer nur zu zwei Dritteln des Einstandswertes. Dadurch werden bei Vorratszunahmen automatisch stille Reserven gebildet und bei Vorratsabnahmen stille Reserven aufgelöst.	X	
10	Da Aktiengesellschaften ihre Liegenschaften nur zum Anschaffungswert bilanzieren dürfen, entstehen bei steigenden Bodenpreisen automatisch stille Reserven.	X	
11	Stille Reserven sind verstecktes Eigenkapital und erhöhen den Spielraum für Gewinnmanipulationen durch das Management.	X	
12	Im Anhang zur Jahresrechnung muss der Gesamtbetrag der netto aufgelösten stillen Reserven aufgeführt werden, sofern dadurch das wirtschaftliche Ergebnis wesentlich günstiger dargestellt wird.	X	

2.67

a) 100000.– (Nur die Veränderung an stillen Reserven ist erfolgswirksam.)

b) 120000.–

c) 80000.–

2.68

Erfolgsrechnung 20_7

Aufwand	extern (unbereinigt)	Bereinigung	intern (bereinigt)	Ertrag	extern (unbereinigt)	Bereinigung	intern (bereinigt)
Warenaufwand	1 200	– 10	1 190	Nettoerlös	2 000	1	2 001
Personalaufwand	500		500				
Abschreibungen	100	– 10	90				
Übriger Aufwand	170	1	171				
Gewinn	30	20	50				
	2 000	1	2 001		2 000	1	2 001

Eröffnungsbilanz vom 1. 1. 20_7

Aktiven / Passiven

	extern (unbereinigt)	Bereinigung	intern (bereinigt)		extern (unbereinigt)	Bereinigung	intern (bereinigt)
Flüssige Mittel	10		10	Diverses Fremdkapital	80		80
Debitoren (netto)	100	1	101	Rückstellungen	50	– 9	41
Warenvorräte	120	10	130	Aktienkapital	300		300
Anlagevermögen	300	70	370	Reserven (offene und stille)	100	90	190
	530	81	611		530	81	611

Schlussbilanz vor Gewinnverbuchung 31. 12. 20_7

Aktiven / Passiven

	extern (unbereinigt)	Bereinigung	intern (bereinigt)		extern (unbereinigt)	Bereinigung	intern (bereinigt)
Flüssige Mittel	10		10	Diverses Fremdkapital	130		130
Debitoren (netto)	110	2	112	Rückstellungen	70	– 8	62
Warenvorräte	150	20	170	Aktienkapital	300		300
Anlagevermögen	350	80	430	Reserven (offene und stille)	90	90[1]	180
				Gewinn	30	20[1]	50
	620	102	722		620	102	722

Schlussbilanz nach Gewinnverbuchung vom 31. 12. 20_7

Aktiven / Passiven

	extern (unbereinigt)	Bereinigung	intern (bereinigt)		extern (unbereinigt)	Bereinigung	intern (bereinigt)
Flüssige Mittel	10		10	Diverses Fremdkapital	130		130
Debitoren (netto)	110	2	112	Rückstellungen	70	– 8	62
Warenvorräte	150	20	170	Aktienkapital	300		300
Anlagevermögen	350	80	430	Reserven (offene und stille)	120	110[1]	230
	620	102	722		620	102	722

[1] Anfangsbestand = 90, Zunahme = 20, Schlussbestand = 110

2.69

a)

	Einstandswert der eingekauften Waren	400 000.–
+	Lagerabnahme zu externen Werten	+ 20 000.–
	Warenaufwand gemäss externer Rechnung	420 000.–

b)

	Bestand an stillen Reserven am Jahresanfang	30 000.–
./.	Bestand an stillen Reserven am Jahresende	– 20 000.–
	Abnahme stiller Reserven	10 000.–

c)

	Warenaufwand gemäss externer Rechnung (Ergebnis a)	420 000.–
+	Abnahme stiller Reserven (Ergebnis b)	+ 10 000.–
	Warenaufwand gemäss interner Rechnung	430 000.–

oder

	Einstandswert der eingekauften Waren	400 000.–
+	Lagerabnahme zu internen Werten	+ 30 000.–
	Warenaufwand gemäss interner Rechnung	430 000.–

d)

	Verkaufserlös	600 000.–
./.	Warenaufwand gemäss externer Rechnung (Ergebnis a)	– 420 000.–
	Bruttogewinn gemäss externer Rechnung	180 000.–

e)

	Verkaufserlös	600 000.–
./.	Warenaufwand gemäss interner Rechnung (Ergebnis c)	– 430 000.–
	Bruttogewinn gemäss interner Rechnung	170 000.–

oder

	Bruttogewinn gemäss externer Rechnung (Ergebnis d)	180 000.–
./.	Auflösung stiller Reserven (Ergebnis b)	– 10 000.–
	Bruttogewinn gemäss interner Rechnung	170 000.–

2.70

a) 1 000 000.– – 600 000.– = 400 000.–

b) Die Vorräte haben effektiv um 15 000.– zugenommen (von 30 000.– Anfangsbestand auf 45 000.– Schlussbestand). Die extern ausgewiesene Zunahme beträgt nur 10 000.– (von 20 000.– auf 30 000.–). Es wurden folglich 5 000.– stille Reserven gebildet, und der extern ausgewiesene Bruttogewinn ist um 5 000.– kleiner, d. h. 395 000.–.

c)

	Bruttogewinn	395 000.–
./.	Gemeinkosten	– 300 000.–
	Reingewinn	95 000.–

d) Der Gewinn soll gegenüber c) um 15 000.– gesteigert werden (von 95 000.– auf 110 000.–). Dies bedingt eine Aufwertung des Warenvorrates um 15 000.–, d. h. von 30 000.– auf 45 000.–.

e) Die bei d) vorgenommene Aufwertung des Warenvorrates auf 45 000.– ist gemäss Obligationenrecht erlaubt. In OR 666 Abs. 1 wird eine Bewertung höchstens zum Einstandswert vorgeschrieben. Der Einstandswert der Vorräte beträgt in dieser Aufgabe Ende Jahr 45 000.–.

2.71

	Steuerlich anerkannte (unversteuerte) stille Reserven	10
+	Steuerlich nicht anerkannte (versteuerte) stille Reserven	50
=	Gesamtbetrag an stillen Reserven	60

2.72

Es empfiehlt sich, zuerst die Bestände und Veränderungen an **stillen Reserven** übersichtlich darzustellen:

	Anfangsbestand	Schlussbestand	Veränderung
Delkredere	2	2	–
Warenvorräte	70	60	– 10
Anlagevermögen	100	100	–
Langfristiges Fremdkapital	20	24	4
	192	186	– 6

Schlussbilanz vor Gewinnverbuchung

Aktiven	Externe Werte	Bereinigung	Interne Werte
Flüssige Mittel	20	–	20
Debitoren	104	–	104
./. Delkredere	– 6	2	– 4
Übrige Forderungen	20	–	20
Warenvorräte	120	60	180
Anlagevermögen	300	100	400
	558	162	720

Passiven	Externe Werte	Bereinigung	Interne Werte
Kurzfristiges Fremdkapital	130	–	130
Langfristiges Fremdkapital	125	– 24	101
Aktienkapital	200	–	200
Offene Reserven	68	–	68
Stille Reserven	–	192	192
Reingewinn	35	– 6	29
	558	162	720

2.73

Aktiven per Ende Jahr

	20_1			20_2			20_3		
	Externe Werte	Stille Reserven	Interne Werte	Externe Werte	Stille Reserven	Interne Werte	Externe Werte	Stille Reserven	Interne Werte
Flüssige Mittel	15	0	15	17	0	17	41	0	41
Debitoren (netto)	90	**5**	95	126	**7**	133	108	**6**	114
Vorräte	80	**40**	120	100	**50**	150	90	**45**	135
Mobiliar	50	**30**	80	0	**60**	60	0	**40**	40
Total	235	**75**	310	243	**117**	360	239	**91**	330

Passiven per Ende Jahr

	20_1			20_2			20_3		
	Externe Werte	Stille Reserven	Interne Werte	Externe Werte	Stille Reserven	Interne Werte	Externe Werte	Stille Reserven	Interne Werte
Kreditoren	118	0	118	131	0	131	103	0	103
Garantierückstellungen	20	**– 10**	10	16	**– 8**	8	24	**– 12**	12
Eigenkapital	91	**71**	162	94	**85**	179	95	**125**	220
Erfolg	6	**14**	20	2	**40**	42	17	**– 22**	– 5
Total	235	**75**	310	243	**117**	360	239	**91**	330

Ertrag

	20_2			20_3		
	Externe Werte	Stille Reserven	Interne Werte	Externe Werte	Stille Reserven	Interne Werte
Warenertrag	1 502	**– 2**	1 500	1 346	**4**	1 350

Aufwand

	20_2			20_3		
	Externe Werte	Stille Reserven	Interne Werte	Externe Werte	Stille Reserven	Interne Werte
Warenaufwand	1 010	**– 10**	1 000	895	**5**	900
Debitorenverluste	10	**– 2**	8	5	**1**	6
Abschreibungen	50	**– 30**	20	0	**20**	20
Übriger Aufwand	430	0	430	429	0	429
Erfolg	2	**40**	42	17	**– 22**	– 5
Total	1 502	**– 2**	1 500	1 346	**4**	1 350

2.74

a)

	Sachanlagen	100
+	Warenvorrat	30
+	Rückstellungen	10
=	Bestand an stillen Reserven	140

b)

	Externes Eigenkapital	600
+	Stille Reserven (80 + 25 + 15)	120
=	Internes Eigenkapital	720

c) In allen Jahren ist der externe (steuerliche) Warenvorrat um einen Drittel tiefer als der interne.

		20_1	**20_2**	**20_3**	**20_4**	
	Interne Werte	90	120	75	105	100,0%
./.	Unterbewertung (stille Reserven)	– 30	– 40	– 25	– 35	– 33,3%
=	Externe Werte	60	80	50	70	66,7%

d) Im Jahr 20_2 wurden stille Reserven von 30 gebildet, denn der Bestand an stillen Reserven erhöhte sich von 140 (Ende 20_1) auf 170 (Ende 20_2).

e)

	Externer Gewinn	40
+	Bildung stiller Reserven	30
=	Interner Gewinn	70

f) Im Jahr 20_3 wurden stille Reserven von 50 aufgelöst, denn der Bestand an stillen Reserven verkleinerte sich von 170 (Ende 20_2) auf 120 (Ende 20_3).

g)

	Externer Gewinn	15
./.	Auflösung stiller Reserven	– 50
=	Interner Verlust	– 35

h) Das Jahresergebnis 20_4 wird durch die Rückstellungen nicht beeinflusst, da sich der Bestand an stillen Reserven bei den Rückstellungen im Jahr 20_4 nicht verändert hat.

Bilanzbezogene Analyse

3.01

1 | Kapitalstruktur (Passiven)

Fremdfinanzierungsgrad Fremdkapitalquote	$\frac{\text{Fremdkapital}}{\text{Gesamtkapital}}$	$\frac{1200}{2000}$	60%
Eigenfinanzierungsgrad Eigenkapitalquote	$\frac{\text{Eigenkapital}}{\text{Gesamtkapital}}$	$\frac{800}{2000}$	40%
Finanzierungsverhältnis	$\frac{\text{Fremdkapital}}{\text{Eigenkapital}}$	$\frac{1200}{800}$	$\frac{60\%}{40\%}$ [1]
Selbstfinanzierungsgrad	$\frac{\text{Gewinnreserven}}{\text{Eigenkapital}}$	$\frac{120}{800}$	15%

2 | Vermögensstruktur (Aktiven)

Intensität des Umlaufvermögens	$\frac{\text{Umlaufvermögen}}{\text{Gesamtvermögen}}$	$\frac{1000}{2000}$	50%
Intensität des Anlagevermögens Immobilisierungsgrad	$\frac{\text{Anlagevermögen}}{\text{Gesamtvermögen}}$	$\frac{1000}{2000}$	50%
Investitionsverhältnis	$\frac{\text{Umlaufvermögen}}{\text{Anlagevermögen}}$	$\frac{1000}{1000}$	$\frac{50\%}{50\%}$ oder 1:1

[1] oder 3 : 2 oder 1,5 : 1 oder 150% oder 1,5

3 | Liquidität (Zahlungsbereitschaft)

Liquiditätsgrad 1	$\frac{\text{Flüssige (liquide) Mittel}}{\text{Kurzfristiges Fremdkapital}}$	$\frac{110}{350}$	31%
Liquiditätsgrad 2	$\frac{\text{Flüssige (liquide) Mittel + Forderungen}}{\text{Kurzfristiges Fremdkapital}}$	$\frac{110 + 190}{350}$	86%
Liquiditätsgrad 3	$\frac{\text{Umlaufvermögen}}{\text{Kurzfristiges Fremdkapital}}$	$\frac{1000}{350}$	286%

Liquiditätsstaffel	Flüssige (liquide) Mittel	110
	./. Kurzfristiges Fremdkapital	– 350
	= Unterdeckung 1. Stufe	– 240
	+ Forderungen	190
	= Unterdeckung 2. Stufe	– 50
	+ Vorräte	700
	= Überdeckung 3. Stufe (Nettoumlaufvermögen)	650

4 | Anlagedeckung (goldene Bilanzregel)

Anlagedeckungsgrad 1	$\frac{\text{Eigenkapital}}{\text{Anlagevermögen}}$	$\frac{800}{1000}$	80%
Anlagedeckungsgrad 2	$\frac{\text{Eigenkapital + langfristiges Fremdkapital}}{\text{Anlagevermögen}}$	$\frac{800 + 850}{1000}$	165%

Anlagedeckungsstaffel	Eigenkapital	800
	./. Anlagevermögen	– 1000
	= Unterdeckung 1. Stufe	– 200
	+ Langfristiges Fremdkapital	850
	= Überdeckung 2. Stufe (Nettoumlaufvermögen)	650

3.02

a) Fremdfinanzierungsgrad (Fremdkapitalquote)

b) Die höhere Fremdfinanzierung von Y wirkt sich vor allem nachteilig auf die **Sicherheitsziele** aus:

- Durch eine höhere Verschuldung verschlechtert sich die **Liquidität** (Zahlungsbereitschaft) normalerweise, weil die vereinbarten Fremdzinsen unabhängig vom Geschäftsergebnis bezahlt werden müssen. Im Gegensatz dazu kann bei Eigenfinanzierung in schlechten Jahren auf Gewinnausschüttungen verzichtet werden. Zusätzlich wird die Liquidität durch die beim Fremdkapital bestehenden Rückzahlungsverpflichtungen beeinträchtigt.
- Eine höhere Verschuldung wirkt sich auf die **Bonität** negativ aus, sodass die finanzielle Flexibilität verloren geht, weil beispielsweise bei finanziellen Engpässen keine zusätzlichen Kredite mehr aufgenommen werden können. Das schlechtere Kreditrating bewirkt ausserdem höhere Kreditkosten (mit dem Risiko steigt der Zinsfuss).
- Durch eine zunehmende Verschuldung sinkt die **Unabhängigkeit** des Unternehmens gegenüber den Kreditgebern.

In der Aufgabenstellung nicht verlangte Zusatzüberlegung: Es besteht grundsätzlich ein Zielkonflikt zwischen Sicherheit und Rentabilität: Eine höhere Verschuldung wirkt sich eindeutig negativ auf die Sicherheit aus. Unter Umständen kann aber durch den vermehrten Einsatz von Fremdkapital die **Rentabilität** des Eigenkapitals verbessert werden. Diese Möglichkeit der Renditesteigerung durch den Einsatz von Fremdkapital ist unter dem Begriff Leverage-Effekt bekannt (vgl. Aufgabe 4.04). Dieser lässt sich wie folgt umschreiben:

- Die Rendite des Eigenkapitals steigt umso stärker, je höher der Fremdfinanzierungsgrad ist, sofern die Fremdzinsen niedriger sind als die Rendite des Gesamtkapitals.
- Umgekehrt besteht das Risiko, dass die Rendite des Eigenkapitals umso stärker fällt, je höher der Fremdfinanzierungsgrad ist, sobald die Rendite des Gesamtkapitals unter die Höhe des Zinsfusses für das Fremdkapital sinkt. Dies ist häufig bei Gewinnmargenverknappungen in Rezessionsphasen oder in Zeiten steigender Zinsen der Fall.

3.03

a) Anlageintensität (Immobilisierungsgrad) oder Investitionsverhältnis

b) Anlageintensiv sind: Energieerzeugung, Wasserversorgung, Hotel, Transport

c) Unternehmen Y weist höhere Fixkosten auf (v. a. in Form höherer Abschreibungen und Zinsen)

d) Kostenremanenz (remanere heisst wörtlich verbleiben) bedeutet, dass die Kosten bei einem Beschäftigungsrückgang weniger stark fallen (sie verbleiben oben), als sie vorher bei einer Beschäftigungserhöhung gestiegen sind. Dieses unangenehme Phänomen ist umso stärker, je höher der Fixkostenanteil ist.

3.04

a) Liquiditätsgrad 2

b) Theoretisch wird oft ein Wert von 100% gefordert.

c) Bei Aussagen über die optimale Höhe von Liquiditätsgraden muss immer vor Augen gehalten werden, dass ein Zielkonflikt besteht zwischen Liquidität und Rentabilität. Hauptziel der meisten Unternehmen ist die Erwirtschaftung einer angemessenen Rendite; die Sicherung der jederzeitigen Zahlungsfähigkeit ist aber für jedes Unternehmen eine Existenzfrage, weshalb die Geschäftsleitungen der Erhaltung einer genügenden Liquidität sehr viel Aufmerksamkeit schenken. Unternehmen X weist bezüglich der Liquidität einen besseren Wert auf. Es ist aber möglich, dass Unternehmen Y die liquiden Mittel ertragsbringend investiert hat, um die Rendite zu steigern.

d) Die statische (bilanzbezogene) Liquiditätsanalyse weist gegenüber der dynamischen (Geldflussrechnung) eine Reihe von Nachteilen auf:

- Weil sich die Analyse auf einen Zeitpunkt bezieht, ist nicht ersichtlich, wie sich die Liquidität in der Vergangenheit entwickelt hat bzw. in der Zukunft entwickeln wird. Nicht zum Ausdruck kommen auch saisonal bedingte Schwankungen.
- Die Liquiditätseinflüsse der Umsatztätigkeit bleiben weitgehend unberücksichtigt. Die Lohnzahlungen im Monat nach dem Bilanzstichtag können beispielsweise die Bestände an liquiden Mitteln am Bilanzstichtag deutlich übersteigen.
- Die Ursachen für die Liquiditätslage werden in der statischen Analyse nicht angegeben. Die Geschäftsleitung sieht z.B. wohl, dass der Liquiditätsgrad 2 ungenügend ist, weiss aber nicht weshalb und kann deshalb keine wirksamen Massnahmen ergreifen.
- Die Fälligkeiten im kurzfristigen Fremdkapital sind unklar: Haben z.B. die Kreditoren die gleichen Fristigkeiten wie die Debitoren? Entsprechen die rechtlichen Fälligkeiten den tatsächlichen?
- Vorhandene, noch nicht ausgeschöpfte Kreditlimiten werden nicht berücksichtigt.

3.05

a) Anlagedeckungsgrad 2

b) Die goldene Bilanzregel verlangt, dass langfristig investiertes Vermögen (das Anlagevermögen) auch langfristig finanziert wird (mit langfristigem Fremdkapital oder mit Eigenkapital).

c) Vom Unternehmen Y

d) Sofern der Liquiditätsgrad 3 mehr als 100% beträgt, liegt auch der Anlagedeckungsgrad 2 über 100%.

3.06

a) GmbH (erkennbar am Stammkapital)

b) Es handelt sich am ehesten um einen Handwerksbetrieb mit Laden (z. B. Elektriker oder Sanitär): Das Warenlager deutet auf einen Handelsbetrieb hin; die nicht fakturierten Leistungen (z. B. geleistete Elektrikerarbeiten an noch nicht fertigen und noch nicht fakturierten Bauten) sowie die Maschinen sprechen gegen einen reinen Handelsbetrieb.

c) Stille Reserven sind wahrscheinlich enthalten:
- im Delkredere
- in den nicht fakturierten Leistungen
- im Warenlager
- im Anlagevermögen
- bei den Rückstellungen

d) Um die finanzielle Situation zu beurteilen, berechnet man am besten zweckmässige Bilanzkennzahlen (hier vor allem Finanzierungs- und Liquiditätskennzahlen).

Bevor die Analyse durchgeführt wird, müssen die Wertberichtigungen zu den Aktiven (Delkredere, Wertberichtigungen) als Vorposten bei den Aktiven subtrahiert werden.

Finanzierungskennzahlen (Kapitalstruktur)

- Der Eigenfinanzierungsgrad beträgt 53% (800 : 1500), was als üblich gilt in dieser Branche, wenn sich die Geschäftsliegenschaft im Eigentum des Unternehmens befindet. Der tatsächliche Eigenfinanzierungsgrad nach Bereinigung der stillen Reserven dürfte noch deutlich höher sein.

  Bei der Beurteilung der optimalen Verschuldungshöhe muss auch der Zielkonflikt zwischen Rentabilität und Liquidität berücksichtigt werden. (Die Eigenkapitalrendite könnte unter Ausnützung des Leverage-Effektes durch vermehrten Einsatz von Fremdkapital unter Umständen gesteigert werden; hingegen ist weniger Fremdkapital sicherer, weil unter anderem keine Zins- und Rückzahlungsverpflichtungen bestehen und die Bonität erhalten bleibt.)
- Der Selbstfinanzierungsgrad ist mit 50% sehr hoch (400:800), was auf hohe Gewinne in der Vergangenheit schliessen lässt.

Liquiditätskennzahlen

- Der Liquiditätsgrad 1 beträgt (20 + 30 + 50):(50+50) = 100%; normal sind bei solchen Betrieben etwa 20 bis 30%. (Die Aussagekraft des Liquiditätsgrades 1 ist allerdings sehr gering.)

  Der Liquiditätsgrad 2 beträgt (20+30+50+80+350−50):100 = 480%; 100% wären aus Sicherheitsgründen verlangt.

  Der Liquiditätsgrad 3 beträgt (20+30+50+80+350−50+20+400):100=900%; 150 bis 200% sind üblich. (Die goldene Bilanzregel [Anlagedeckungsgrad 2] ist damit auch automatisch eingehalten.)

- Die Liquidität ist eindeutig zu hoch. Zwar ist genügend Liquidität aus Sicherheitsgründen sehr wichtig, aber die Rentabilität könnte bei diesem Betrieb durch den Abbau von überflüssiger Liquidität deutlich gesteigert werden. Folgende Massnahmen sind deshalb zu treffen:

  Die teure Bank-Kontokorrent-Schuld von 50 (Zinsfuss ca. 4 bis 6% p. a.) sollte durch das wenig Zins einbringende Bank-Kontokorrent-Guthaben (Zinsfuss ca. ¼% p.a.) abbezahlt werden.

  Nach Ablauf des Festgelds (Zinsfuss ca. ¼ bis 2% p. a.) könnte das Darlehen (Zinsfuss ca. 4 bis 6% p. a.) teilweise zurückbezahlt werden.

- Die Positionen Debitoren und Warenlager sind aussergewöhnlich hoch.

  Es muss abgeklärt werden, ob die Zahlungsmoral der Debitoren schlecht ist (z. B. mithilfe der durchschnittlichen Debitorendauer, vgl. Kapitel 6) oder ob Ausstände gegenüber zahlungsunfähigen Kunden bestehen.

  Ein grosses Warenlager hat den Vorteil, dass für den Kunden im Laden eine grosse Auswahl besteht und der Betrieb sicher alles für die Montage benötigte Material immer sofort verfügbar hat. Aber auch hier besteht ein Zielkonflikt mit den Lagerkosten: Abgesehen von Raum- und Personalkosten fallen hier die Zinskosten von jährlich etwa 24 (6% von 400) ins Gewicht. Interessant ist auch die Frage, ob im Lager noch Ladenhüter vorhanden sind.

3.07

a)

	Unternehmen A	Unternehmen B	Unternehmen C
Fremdfinanzierungsgrad	56%	**83%**	40%
Anlageintensität	38%	**23%**	40%
Liquiditätsgrad 2	116%	**49%**	175%
Anlagedeckungsgrad 2	179%	**135%**	200%

b) Das **Unternehmen A** verfügt über eine gesunde Finanzierung und Liquidität. (Die Zahlen stammen aus Volkart, Rudolf: Finanzielle Führung in der Rezession. Sie entsprechen dem Durchschnitt von 30 grossen Schweizer Unternehmen.)

Die **Bilanz B** zeigt das Bild eines rezessionsgeschwächten Unternehmens: Die Liquidität ist zu tief und die Verschuldung (vor allem die kurzfristige) zu hoch, die hohen Debitorenbestände weisen auf einen schleppenden Zahlungseingang seitens der Kunden hin, und die grossen Lagerbestände signalisieren Absatzschwierigkeiten.

Das **Unternehmen C** ist eher überkapitalisiert: Das Unternehmen ist zwar gemäss Bilanz sehr sicher, aber die Eigenkapitalrentabilität dürfte infolge der zu grossen Liquidität und des hohen Eigenfinanzierungsgrades sehr bescheiden sein. Möglicherweise ist der Eigenfinanzierungsgrad zu Recht so hoch, weil das Unternehmen sehr risikoreiche Geschäfte pflegt. Auch die hohe Liquidität könnte absichtlich bereitgestellt worden sein, da das Unternehmen C ein anderes Unternehmen aufkaufen will oder eine andere grössere Investition bevorsteht. Vielleicht ist das Eigenkapital infolge grosser zurückbehaltener Gewinne in der Vergangenheit so hoch (Selbstfinanzierung).

3.08

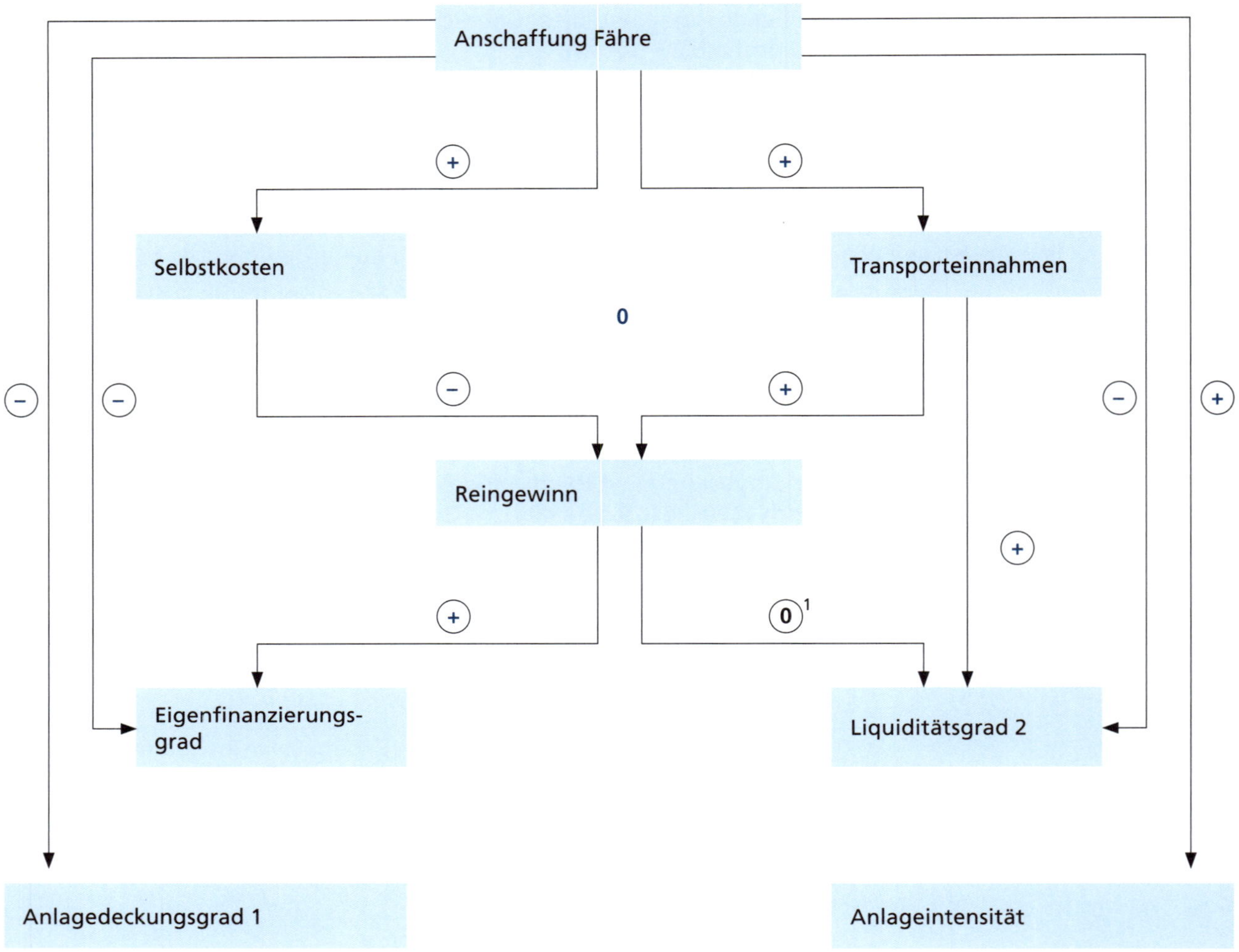

[1] Die Gewinn*erzielung* hat keinen direkten Einfluss auf die Liquidität, erst die Gewinn*ausschüttung.*

3.09

Lösungsvorschlag

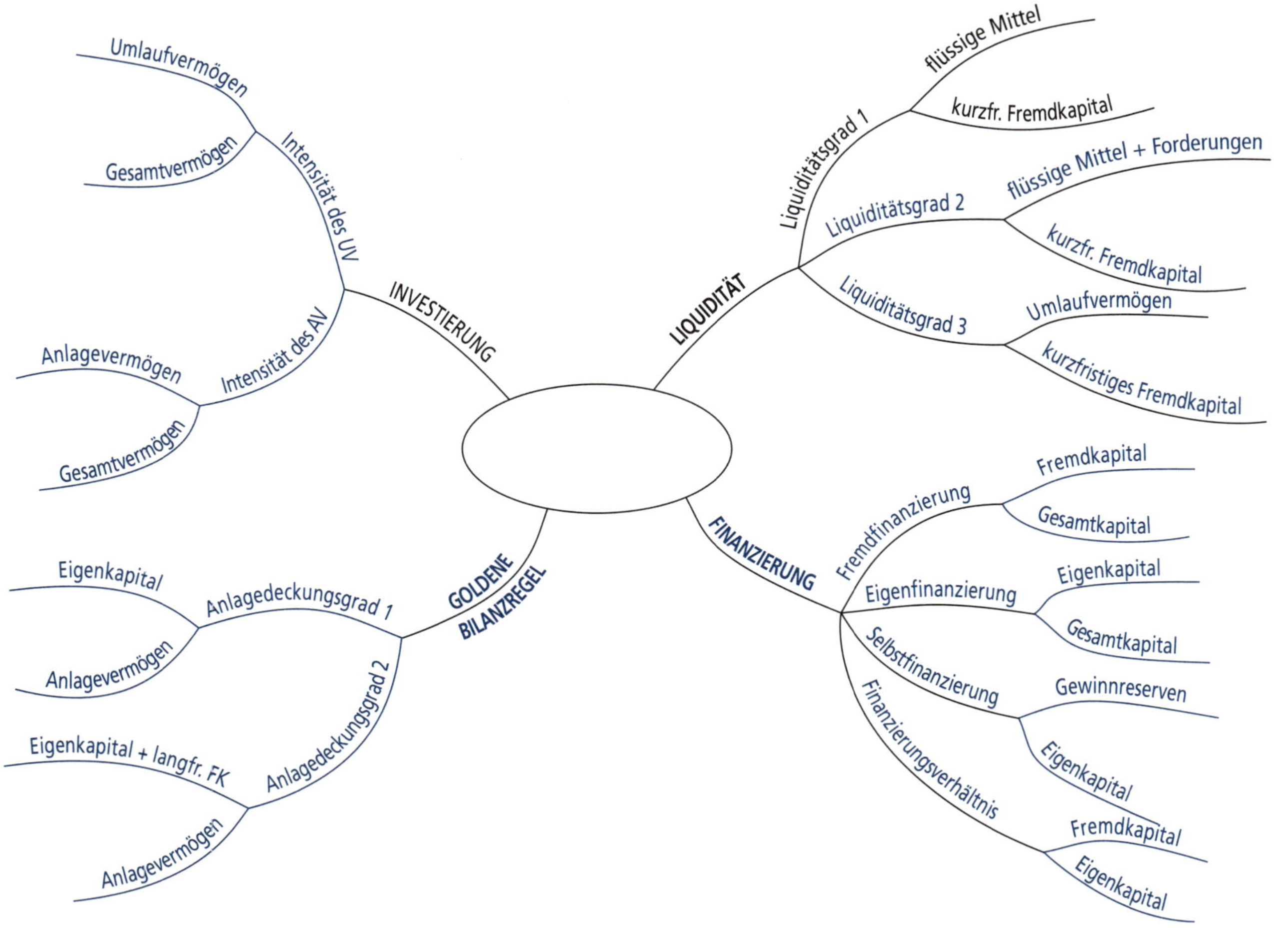

3.10

Aufgabe	Buchungssätze	Eigenfinanzierungsgrad	Fremdfinanzierungsgrad	Anlageintensität	Liquiditätsgrad 2	Liquiditätsgrad 3	Anlagedeckungsgrad 1	Anlagedeckungsgrad 2
a)	Maschinen/Flüssige Mittel	0	0	+	–	–	–	–
b)	Immobilien/Eigenkapital	+	–	+	0	0	?	?
c)	Flüssige Mittel/Hypotheken	–	+	–	+	+	0	+
d)	Flüssige Mittel/Debitoren	0	0	0	0	0	0	0
e)	Bank(schuld)/Hypotheken	0	0	0	+	+	0	+
f)	Kreditoren/Flüssige Mittel	+	–	+	?	?	0	0
g)	Warenvorrat/Kreditoren	–	+	–	–	?	0	0
h)	Flüssige Mittel/Fahrzeuge	0	0	–	+	+	+	+
i)	Flüssige Mittel/Aktienkapital	+	–	–	+	+	+	+

3.11

a)

Interne (bereinigte) Schlussbilanz

Aktiven			Passiven		
Umlaufvermögen			**Fremdkapital**		
Flüssige Mittel	8		Kurzfristiges Fremdkapital	40	
Forderungen	32		Langfristiges Fremdkapital	60	100
Vorräte	90	130			
Anlagevermögen			**Eigenkapital**		
Sachanlagen	210		Aktienkapital	140	
Finanzanlagen	45		Reserven		
Immaterielle Anlagen	15	270	(60 offene + 100 stille)	160	300
		400			400

b)

Kennzahl	Berechnung	Resultat
Eigenfinanzierungsgrad	300 : 400	**75%**
Anlageintensität	270 : 400	**68%**
Liquiditätsgrad 2	(8 + 32) : 40 = 40 : 40	**100%**
Liquiditätsgrad 3	130 : 40	**325%**
Anlagedeckungsgrad 2	(300 + 60) : 270 = 360 : 270	**133%**

3.12

a)

Schlussbilanz

Aktiven				Passiven			
Umlaufvermögen				**Fremdkapital**			
Flüssige Mittel		8		**Kurzfristiges Fremdkapital**			
Forderungen				Kreditoren	46		
Debitoren	29			Kurzfr. Rückstellungen	3		
./. Delkredere	– 4			Transitorische Passiven	1	50	
Transitorische Aktiven	2	27					
Vorräte		35	70	**Langfristiges Fremdkapital**			
				Hypotheken		70	120
Anlagevermögen							
Sachanlagen	140			**Eigenkapital**			
./. Wertberichtigung	– 30	110		Aktienkapital		60	
Finanzanlagen		10		Kapitalreserven		12	
Immaterielle Anlagen		20	140	Gewinnreserven		18	90
			210				210

b)

Kennzahl	Berechnung	Resultat
Intensität des Anlagevermögens	140 : 210	**67%**
Fremdfinanzierungsgrad	120 : 210	**57%**
Eigenfinanzierungsgrad	90 : 210	**43%**
Selbstfinanzierungsgrad	18 : 90	**20%**
Liquiditätsgrad 2	(8 + 27) : 50 = 35 : 50	**70%**
Liquiditätsgrad 3	70 : 50	**140%**
Anlagedeckungsgrad 1	90 : 140	**64%**
Anlagedeckungsgrad 2	(90 + 70) : 140 = 160 : 140	**114%**

3.13

Nr.	Aussage	Richtig	Begründung, warum falsch
1	Eine hohe Intensität des Anlagevermögens verursacht grundsätzlich hohe Fixkosten.	X	
2	Im Sinne einer Faustregel gilt ein Liquiditätsgrad 2 von 100% als gut.	X	
3	Wenn der Liquiditätsgrad 3 über 100% liegt, ist auch der Anlagedeckungsgrad 1 über 100%.		Über den Anlagedeckungsgrad 1 lässt sich nichts aussagen. Die Aussage trifft für den Anlagedeckungsgrad 2 zu.
4	Eigen- und Fremdfinanzierungsgrad ergeben zusammen 100%.	X	
5	Die Banken verlangen im Rahmen von Kreditprüfungen einen Liquiditätsgrad 1 von mindestens 40%.		Über eine sinnvolle Höhe des Liquiditätsgrades 1 lässt sich nicht viel sagen; er ist als Kennzahl zu Kreditprüfungen eher ungeeignet.
6	Die goldene Bilanzregel verlangt, dass langfristig gebundenes Vermögen (Anlagevermögen) mit langfristigem Kapital (Eigenkapital und langfristiges Fremdkapital) zu finanzieren ist.	X	
7	Wenn in einer Liquiditätsstaffel auf der zweiten Stufe eine Unterdeckung ausgewiesen wird, so ist der Liquiditätsgrad 2 kleiner als 100%.	X	
8	Ein höherer Fremdfinanzierungsgrad ist aus dem Blickwinkel der Liquidität von Nachteil, weil damit tendenziell hohe Zins- und Rückzahlungsverpflichtungen verbunden sind.	X	
9	Ein höherer Eigenfinanzierungsgrad führt grundsätzlich zu einer besseren Bonität (Kreditrating), und das Unternehmen profitiert von höheren Zinsfüssen.		Das Unternehmen profitiert von *tieferen* Zinsfüssen.
10	Ein tiefer Selbstfinanzierungsgrad weist immer auf eine ungenügende Finanz- und Ertragslage hin.		Ein tiefer Selbstfinanzierungsgrad kann ein schlechtes Zeichen sein, wenn er aufgrund geringer Unternehmensgewinne entstanden ist. Es ist umgekehrt aber auch möglich, dass das Unternehmen regelmässig hohe Gewinne erwirtschaftet, diese aber ausschüttet. Die Kennzahl ist von der Dividenden-Ausschüttungsquote abhängig und deshalb für Analysezwecke in der Regel weniger geeignet. Ältere Unternehmen weisen tendenziell einen höheren Selbstfinanzierungsgrad als jüngere auf.

3.14

a)	Was bedeutet die These «Liquidität kostet Geld, Illiquidität die Existenz»?	Boemle (Unternehmensfinanzierung) schreibt dazu: «Die Höhe der Mindestliquidität wird sowohl durch Risiko- wie durch Gewinnüberlegungen beeinflusst. Das Ziel der Risikoverringerung wird umso besser erfüllt, je höher die Mindestliquidität angesetzt wird. Hohe Zahlungsmittelbestände sind jedoch auch ein Kostenfaktor, denn sie schmälern im Allgemeinen die Rentabilität, vor allem bei einem wenig ertragsorientierten Cashmanagement, und damit die Erreichung der Gewinnziele. Dieser Zielkonflikt kommt in der These ‹Liquidität kostet Geld, Illiquidität die Existenz› deutlich zum Ausdruck.»
b)	Warum macht es meist wenig Sinn, Bilanzstruktur-Kennzahlen auf Kommastellen genau zu berechnen?	Die Bewertungsunsicherheiten beim Zahlenmaterial, das für die Berechnung der Kennzahlen herangezogen wird, sind in der Regel so gross, dass oft schon die erste Stelle vor dem Komma nicht sicher ist. Mit Dezimalstellen hinter dem Komma würde eine Genauigkeit vorgetäuscht, die in Wirklichkeit nicht vorhanden ist.
c)	Gehören Bankschulden (Kontokorrente) zum kurzfristigen oder langfristigen Fremdkapital? Die Antwort ist aus juristischer und wirtschaftlicher Sicht zu geben.	Juristisch betrachtet lauten Kontokorrentschulden auf Sicht, d. h., sie sind jederzeit fällig. Also handelt es sich um kurzfristiges Fremdkapital. Wirtschaftlich betrachtet handelt es sich bei Kontokorrentschulden um langfristiges Kapital, das von den Banken nicht gekündigt wird, solange die Bonität des Schuldners einwandfrei ist. Die Bilanzierung als kurzfristiges Fremdkapital hat sich allgemein durchgesetzt.
d)	Wodurch unterscheiden sich die Liquiditätsgrade und die Liquiditätsstaffel in Form und Anwendung?	Die Liquiditätsgrade sind eine relative Betrachtung (Prozentwerte). Sie eignen sich vor allem im zwischenbetrieblichen Vergleich von unterschiedlich grossen Gesellschaften. Die Liquiditätsstaffel zeigt die vorhandene Liquidität in **absoluten** Zahlen (Franken) auf und eignet sich zur Beurteilung der Liquiditätslage eines einzelnen Unternehmens.
e)	Welche Hauptnachteile weist die statische Liquiditätsanalyse (im Vergleich zur dynamischen) auf?	▶ Sie ist Zeitpunkt bezogen (es ist unklar, was vorher war bzw. nachher folgt). ▶ Die Erfolgsrechnung wird nicht einbezogen (der Cashflow fehlt). ▶ Die Ursachen für Liquiditätsveränderungen sind nicht bekannt. ▶ Die vorhandenen unausgeschöpften Kreditlimiten sind nicht sichtbar. ▶ Fristigkeiten der Forderungen und des kurzfristigen Fremdkapitals bleiben unberücksichtigt (die Debitorenfrist kann z. B. bedeutend länger sein als die Kreditorenfrist), ebenso die Unterschiede zwischen den rechtlichen und tatsächlichen Fristigkeiten. Die meisten dieser Mängel werden durch die Geldflussrechnung (der dynamischen Liquiditätsanalyse) behoben.

3.15

Bilanz

Aktiven					Passiven	
Umlaufvermögen = 200	**Flüssige Mittel**	**20**		**Kurzfristiges Fremdkapital**	**100**	Fremdkapital = 240
	Forderungen	**60**				
	Vorräte	**120**	**NUV = 100**	Langfristiges Fremdkapital	140	
Anlagevermögen = 200						Eigenkapital = 160

Die Forderungen sowie die Vorräte sind in die obige Bilanz eingetragen. Die relativen Kennzahlen betragen:

- ▶ Fremdfinanzierungsgrad = 240 : 400 = **60%**
- ▶ Liquiditätsgrad 3 = 200 : 100 = **200%**
- ▶ Anlagedeckungsgrad 1 = 160 : 200 = **80%**

Knackpunkt der Aufgabe ist folgende Überlegung: Der Anlagedeckungsgrad 2 beträgt 150%, d. h., das langfristige Kapital (Eigenkapital zusammen mit langfristigem Fremdkapital) übersteigt das Anlagevermögen um 50%. Diese Differenz entspricht, absolut betrachtet, dem NUV von 100. Also ist das langfristige Kapital 300 (150% ist dreimal so viel wie das NUV), und das Anlagevermögen ist 200 (100% ist doppelt so viel wie das NUV).

3.16

a)

Bilanz per 31. 12. 20_1

Aktiven | Passiven

	Externe Werte	Stille Reserven	Interne Werte		Externe Werte	Stille Reserven	Interne Werte
Flüssige Mittel	75		75	Kurzfristiges Fremdkapital	50		50
Forderungen	56	4	60	Langfristiges Fremdkapital	106	– 6	100
Vorräte	60	30	90	Aktienkapital	100		100
Sachanlagen	165	60	225	Kapitalreserven	40		40
				Gewinnreserven	60	100	160
	356	94	450		356	94	450

b)

Kennzahlen	Werte der Grogg AG		Branchendurchschnitt
Eigenfinanzierungsgrad	300 : 450	**67%**	33%
Intensität des Anlagevermögens	225 : 450	**50%**	42%
Liquiditätsgrad 2	135 : 50	**270%**	96%
Anlagedeckungsgrad 2	400 : 225	**178%**	115%

c) Alle Werte der Grogg AG liegen über den Branchendurchschnittswerten.

- Eigenfinanzierung und Liquidität sind sehr hoch, was aus dem Blickwinkel der Sicherheitsziele ideal ist. Im Sinne eines Zielkonflikts führen hohe Liquidität und Eigenfinanzierung zu einer tieferen Eigenkapitalrentabilität (die Rentabilität lässt sich hier nicht berechnen).
- Die Intensität des Anlagevermögens ist etwas höher als der Branchenwert. Eine hohe Anlageintensität verursacht hohe Fixkosten (Abschreibungen, Zinsen) und erschwert die Anpassung der Produktionsanlagen auf neue Marktgegebenheiten.
- Der Anlagedeckungsgrad 2 ist hoch; die goldene Bilanzregel wird damit gut eingehalten.

Die Unternehmung ist finanziell gesund; die Aktien können bedenkenlos gekauft werden.

3.17

Die Lösung wird am besten in Schritten ermittelt (allenfalls mit Unterstützung durch eine Skizze der Bilanzstruktur):

- Aus dem Unterschied zwischen dem Liquiditätsgrad 2 und 3 folgt, dass die Vorräte 80% des kurzfristigen Fremdkapitals betragen. Daraus lässt sich das kurzfristige Fremdkapital mit 500 ermitteln (400 : 80%).
- Da der Liquiditätsgrad 3 einen Wert von 200% ausweist, beträgt das Umlaufvermögen 1 000 (das sind 200% des kurzfristigen Fremdkapitals von 500).
- Die Intensität des Umlaufvermögens ist 40%, weil die Intensität des Anlagevermögens 60% ist. Da das Umlaufvermögen 1 000 beträgt, lassen sich das Anlagevermögen (1 500) und die Bilanzsumme (2 500) ermitteln.
- Das **Eigenkapital** beträgt 30% der Bilanzsumme, also **750**. Folglich ist das Fremdkapital 1 750.
- Da das kurzfristige Fremdkapital 500 beträgt, ist das langfristige Fremdkapital 1 250.

Anlagedeckungsgrad 2	$\frac{\text{Eigenkapital + langfristiges Fremdkapital}}{\text{Anlagevermögen}}$	$\frac{750 + 1\,250}{1\,500}$	$\frac{2\,000}{1\,500}$	**133%**

3.18

Die Bilanz bzw. die gesuchten Grössen lassen sich wie folgt berechnen:

- Aus dem Liquiditätsgrad 1 und den flüssigen Mitteln kann das kurzfristige Fremdkapital ermittelt werden: 12 : 20% = 60.
- Aus dem Liquiditätsgrad 2 ergibt sich, dass die flüssigen Mittel und die Forderungen zusammen 90 betragen. Durch Abzug der flüssigen Mittel von 12 ergeben sich die **kurzfristigen Forderungen von 78.**
- Das Umlaufvermögen ist 250% von 60 = 150.
- Die Bilanzsumme ist 150 : 25% = 600. (Die Intensität des Umlaufvermögens ist 25%, weil die Intensität des Anlagevermögens 75% beträgt.)
- Das Anlagevermögen ist 600 * 75% = 450.
- Mithilfe des Anlagedeckungsgrads 1 kann das Eigenkapital ermittelt werden: 450 * 80% = 360.
- Bilanzsumme 600 ./. Eigenkapital 360 ./. kurzfristiges Fremdkapital 60 = **langfristiges Fremdkapital 180**. (Das langfristige Fremdkapital lässt sich auch mithilfe des Anlagedeckungsgrads 2 errechnen.)

Eigenfinanzierungsgrad	$\frac{\text{Eigenkapital}}{\text{Bilanzsumme}}$	$\frac{360}{600}$	**60%**

3.19

a) Um etwas mehr als 50%.

b) Mit der wirtschaftlichen Rezession war eine Absatzkrise verbunden. Um die Arbeitsplätze trotz rückläufiger Absatzzahlen zu erhalten und die Produktionsmaschinen einigermassen auszulasten, haben die Unternehmen in der Hoffnung auf bessere Zeiten weiterproduziert.

c) Weil andere Aktiven abgenommen haben, z. B. die flüssigen Mittel.

d) Einerseits hat das Auftragsvolumen abgenommen. Anderseits sind die Verkaufskonditionen schlechter geworden: Die Aufträge konnten nur mit geringen oder gar keinen Vorauszahlungen hereingeholt werden.

e) Weniger Verkäufe ergaben kleinere Kundenzahlungen. Die Vorauszahlungen haben abgenommen. Die Debitoren zahlten nur schleppend. Die Produktionskosten (Löhne, Material u. a.) gingen nicht zurück, da weiterproduziert wurde.

f) Einerseits wurden die Kreditoren nur mit Verzögerung bezahlt; sie stiegen deshalb an. Anderseits erhöhten sich die beanspruchten Bankkredite. Sie wurden als Ausgleich für die teilweise ausbleibenden flüssigen Mittel aus dem Umsatzprozess für die Aufrechterhaltung der Produktion benötigt.

3.20

Liquiditätsgrad 1	$\frac{30}{110 - 10}$	30%
Liquiditätsgrad 2	$\frac{30 + 80}{110 - 10}$	110%
Liquiditätsgrad 3	$\frac{30 + 80 + 100 - 10}{110 - 10}$	200%
Verschuldungsgrad	$\frac{110 + 160}{500}$	54%

Die Begriffe «Anzahlungen» und «Vorauszahlungen» werden gleichbedeutend verwendet.

Die Anzahlungen an Warenlieferanten werden bei den Vorräten bilanziert und dementsprechend im Liquiditätsgrad 3 berücksichtigt.

Die Anzahlungen an Maschinenlieferanten haben keinen Einfluss auf die Liquiditätsgrade, da sie im Anlagevermögen zu bilanzieren sind.

Die Anzahlungen von Kunden stellen eine Verpflichtung zur künftigen Lieferung von Waren oder Produkten an die Kunden dar. Es wird deshalb in der Zukunft kein Geldabgang, sondern ein Abgang an Vorräten stattfinden. Deshalb sind die Anzahlungen von Kunden beim kurzfristigen Fremdkapital und bei den Vorräten abzuziehen. Diese Umbuchung gilt nur für die statische Liquiditätsanalyse, nicht für die übrigen Kennzahlen (wie hier z.B. der Verschuldungsgrad).

In der Wirtschaftspraxis wird diese hier behandelte Sonderstellung der Anzahlungen an Lieferanten bzw. von Kunden bei der statischen Liquiditätsanalyse der Einfachheit halber oft vernachlässigt. Zu beachten ist ferner, dass noch weitere Bestandteile der Forderungen bzw. der kurzfristigen Verbindlichkeiten keinen Geldcharakter haben (z.B. ein Teil der Rechnungsabgrenzungen). Allerdings werden auch diese Unterscheidungen von der Praxis im Rahmen der statischen Liquiditätsanalyse oft nicht vorgenommen.

3.21

Ratio	Formula	Computation	Result
Debt ratio	$\frac{\text{Liabilities}}{\text{Equity + liabilities}}$	$\frac{120}{300}$	**40%**
Equity ratio	$\frac{\text{Equity}}{\text{Equity + liabilities}}$	$\frac{180}{300}$	**60%**
Self-financing ratio	$\frac{\text{Retained earnings}}{\text{Equity}}$	$\frac{60}{180}$	**33%**
Percentage of fixed assets	$\frac{\text{Fixed assets}}{\text{Assets}}$	$\frac{150}{300}$	**50%**
Fixed assets coverage 2	$\frac{\text{Equity + long-term liabilities}}{\text{Fixed assets}}$	$\frac{180 + 70}{150}$	**167%**
Quick ratio	$\frac{\text{Cash + accounts receivable}}{\text{Short-term liabilities}}$	$\frac{10 + 60}{50}$	**140%**
Current ratio	$\frac{\text{Current assets}}{\text{Short-term liabilities}}$	$\frac{150}{50}$	**300%**

Erfolgsbezogene Analyse

4.01

Kennzahlen zur Kapitalrentabilität (Return on investment, ROI)

Rentabilität des Eigenkapitals	$\frac{\text{Gewinn}}{\text{Eigenkapital}}$	$\frac{28}{200}$	**14%**
Return on equity, ROE	$\frac{\text{Net income}}{\text{Equity}}$		
Rentabilität des Gesamtkapitals	$\frac{\text{EBIT}}{\text{Gesamtkapital}}$	$\frac{48}{400}$	**12%**
Return on assets, ROA	$\frac{\text{EBIT}}{\text{Assets}}$		
Rentabilität des investierten Kapitals	$\frac{\text{Gewinn + Zinsen}}{\text{Investiertes Kapital}}$	$\frac{28 + 8}{200 + 160}$	**10%**
Return on invested capital, ROIC[1]	$\frac{\text{EBI}}{\text{Invested capital}}$		

Kennzahlen zur Umsatzrentabilität (Return on sales, ROS)

Bruttogewinnmarge Handelsmarge	$\frac{\text{Bruttogewinn}}{\text{Umsatz}}$	$\frac{300}{1000}$	**30%**
Gross profit margin Return on sales, gross	$\frac{\text{Gross profit}}{\text{Sales}}$		
EBIT-Marge	$\frac{\text{EBIT}}{\text{Umsatz}}$	$\frac{48}{1000}$	**4,8%**
EBIT margin	$\frac{\text{EBIT}}{\text{Sales}}$		
(Rein-)**Gewinnmarge**	$\frac{\text{Gewinn}}{\text{Umsatz}}$	$\frac{28}{1000}$	**2,8%**
Profit margin Return on sales	$\frac{\text{Net income (profit)}}{\text{Sales}}$		

4.02

Aufgabe	Kennzahl	Buchungen		
		Kreditoren/ Flüssige Mittel	Bankschuld/ Hypotheken	Eigenkapital/ Flüssige Mittel
a)	Fremdfinanzierungsgrad	–	**0**	+
b)	Intensität des Anlagevermögens	+	**0**	+
c)	Liquiditätsgrad 2	?	**+**	–
d)	Anlagedeckungsgrad 2	0	**+**	–
e)	Rentabilität des Eigenkapitals	0	**0**	+
f)	Rentabilität des Gesamtkapitals	+	**0**	+
g)	Rentabilität des investierten Kapitals	0	**0**	+
h)	EBIT-Marge	0	**0**	0

4.03

Kennzahl	Lufthansa	easyJet	Kurzkommentar
Fremd-finanzierungsgrad	14000 : 20000 = 70%	**450 : 600 = 75%**	Die Finanzierung ist in Ordnung. Der Eigenkapitalanteil dürfte aus dem Blickwinkel der Sicherheit noch etwas höher liegen.
Intensität des Anlagevermögens	15000 : 20000 = 75%	**480 : 600 = 80%**	Die Anlageintensität ist bei beiden hoch, was branchentypisch ist. Als Folge sind die Fixkosten hoch (z. B. Abschreibungen, Zinsen, Reparatur und Unterhalt).
Gesamtkapitalrendite	2000 : 20000 = 10%	**60 : 600 = 10%**	Die Gesamtkapitalrenditen liegen deutlich über dem Zinsfuss für das Fremdkapital und sind bei beiden als gut zu beurteilen.[1]
Erlös je angebotener Sitzkilometer	20000 : 123800 = 16,2 Rappen/Sitz-km	**600 : 5800 = 10,3 Rappen/Sitz-km**	Die easyJet positioniert sich strategisch als Billiganbieter (tiefe Flugpreise als Konkurrenzvorteil). Die Lufthansa profiliert sich als globaler Anbieter mit hoher Servicequalität.
Betriebsaufwand je angebotener Sitzkilometer	18000 : 123800 = 14,5 Rappen/Sitz-km	**540 : 5800 = 9,3 Rappen/Sitz-km**	easyJet verfolgt eine Strategie der Kostenführerschaft (tiefe Kosten als Konkurrenzvorteil).
Sitzladefaktor (Auslastung)	92160 : 123800 = 74,4%	**4810 : 5800 = 82,9%**	easyJet weist eine wesentlich höhere Kapazitätsauslastung auf (Strategie: lieber billigere Tickets, dafür volle Flugzeuge).

[1] Die Gesamtkapitalrendite ist zwar bei beiden Fluggesellschaften gleich hoch; sie wird aber mittels unterschiedlicher Strategien erarbeitet, wie die nachfolgenden Kennzahlen zeigen.

4.04

a)

	Unternehmen E	Unternehmen F
Fremdfinanzierungsgrad	20 : 100 = 20%	**80 : 100 = 80%**

b)

	Unternehmen E	Unternehmen F
Gesamtkapitalrendite	13 : 100 = 13%	**13 : 100 = 13%**
Zinsfuss Fremdkapital	1 : 20 = 5%	**4 : 80 = 5%**
Eigenkapitalrendite	12 : 80 = 15%	**9 : 20 = 45%**

c)

	Unternehmen E	Unternehmen F
Gesamtkapitalrendite	3 : 100 = 3%	**3 : 100 = 3%**
Zinsfuss Fremdkapital	1 : 20 = 5%	**4 : 80 = 5%**
Eigenkapitalrendite	2 : 80 = 2,5%	**– 1 : 20 = – 5%**

4.05

a) Übersicht in Fr. 1000.–

	1 Wohnblock	2 Wohnblöcke	3 Wohnblöcke
Gesamtkapital	3000	**6000**	9000
Eigenkapital	3000	**3000**	3000
Fremdkapital	0	**3000**	6000
Fremdfinanzierungsgrad	0%	**50%**	67%
Mietzinserträge brutto	230	**460**	690
./. Nebenkosten	– 50	**– 100**	– 150
= Mietzinserträge netto (= EBIT)	180	**360**	540
./. Hypothekarzinsen	– 0	**– 120**	– 240
= Gewinn	180	**240**	300
Gesamtkapitalrendite	180 : 3000 = 6%	**360 : 6000 = 6%**	540 : 9000 = 6%
Eigenkapitalrendite	180 : 3000 = 6%	**240 : 3000 = 8%**	300 : 3000 = 10%

b) Durch den Einsatz von zusätzlichem Fremdkapital konnte die Eigenkapitalrendite von 6% (ohne Fremdkapital) über 8% (mit 50% Fremdfinanzierung) auf 10% (mit 67% Fremdfinanzierung) gesteigert werden. Dies unter der Bedingung, dass die Gesamtkapitalrendite (6%) über dem Zinsfuss für das Fremdkapital (4%) lag.

c) Je höher der Fremdkapitaleinsatz wird, desto grösser wird auch das Risiko (für die Eigen- und die Fremdkapitalgeber). Die wichtigsten Risikoüberlegungen sind:

- Wie sicher kann der geplante Mietzinsertrag wirklich erzielt werden? Sind die Annahmen realistisch oder eher pessimistisch? Ist ein Sinken des allgemeinen Mietzinsniveaus möglich? Muss zeitweise mit unvermieteten Wohnungen gerechnet werden?
- Der Hypothekarzinsfuss ist mit 4% p. a. im langfristigen Schnitt eher tief. Sind in Zukunft Zinsfusserhöhungen zu erwarten? Ist die Annahme eines gleichen Zinsfusses für alle drei Varianten realistisch, oder wird die Bank mit zunehmendem Risiko (steigende Verschuldung) einen höheren Zinsfuss anwenden?
- Decken die geplanten Nebenkosten die wirklich anfallenden Kosten für Abschreibungen, Reparaturen und Unterhalt?

d) Es besteht der klassische Zielkonflikt zwischen Rentabilität und Sicherheit: Aus dem Blickwinkel der Eigenkapitalrendite sind drei Wohnhäuser zu errichten. Allerdings steigt dabei das Risiko (siehe c). Damit hängt der Entscheid von der Risikofreudigkeit bzw. vom Sicherheitsbedürfnis des Investors ab.

4.06

a) Aus der Tabelle wird sichtbar, dass die fremdfinanzierte Gesellschaft R eine wesentlich höhere Eigenkapitalrentabilität erwirtschaftet als die Gesellschaft S, solange die Gesamtkapitalrendite über dem Zinsfuss für das Fremdkapital liegt.

	Gesellschaft S			Gesellschaft R		
Gesamtkapitalrentabilität, ROA	90 : 1000	=	9%	**90 : 1000**	**=**	**9%**
Zinsfuss für das Fremdkapital	10 : 200	=	5%	**40 : 800**	**=**	**5%**
Eigenkapitalrentabilität, ROE	56 : 800	=	7%	**35 : 200**	**=**	**17,5%**

b) Die Steuern bewirken im Beispiel einen 30% tieferen Gewinn, weshalb auch die Eigenkapitalrendite generell 30% geringer ist. Rechnerisch ergeben sich ohne Abzug der Steuern folgende Eigenkapitalrenditen:

	Gesellschaft S			Gesellschaft R		
Eigenkapitalrentabilität vor Steuern	80 : 800	=	10%	**50 : 200**	**=**	**25%**

Das Verhältnis zwischen den Gesellschaften bleibt hingegen konstant: Die Eigenkapitalrendite von R beträgt mit oder ohne Berücksichtigung der Steuern jeweils das 2,5-fache der Eigenkapitalrendite von S.

c) Infolge höherer Verschuldung von Gesellschaft R nimmt das Risiko für die Kreditgeber zu, weshalb der Zinsfuss bei R in der Praxis höher liegen müsste.

d) Bei Gesellschaft R nimmt auch das Risiko für die Eigenkapitalgeber zu, weshalb die Eigenkapitalrendite höher sein muss (Risikoprämie).

4.07

Das Beispiel einer DuPont-Pyramide findet sich im Theorieteil auf Seite 59.

Beim Puzzle sind gegenüber dem Theoriebeispiel zusätzlich der Bruttoerlös minus die Erlösminderungen am oberen rechten Rand anzubringen.

4.08

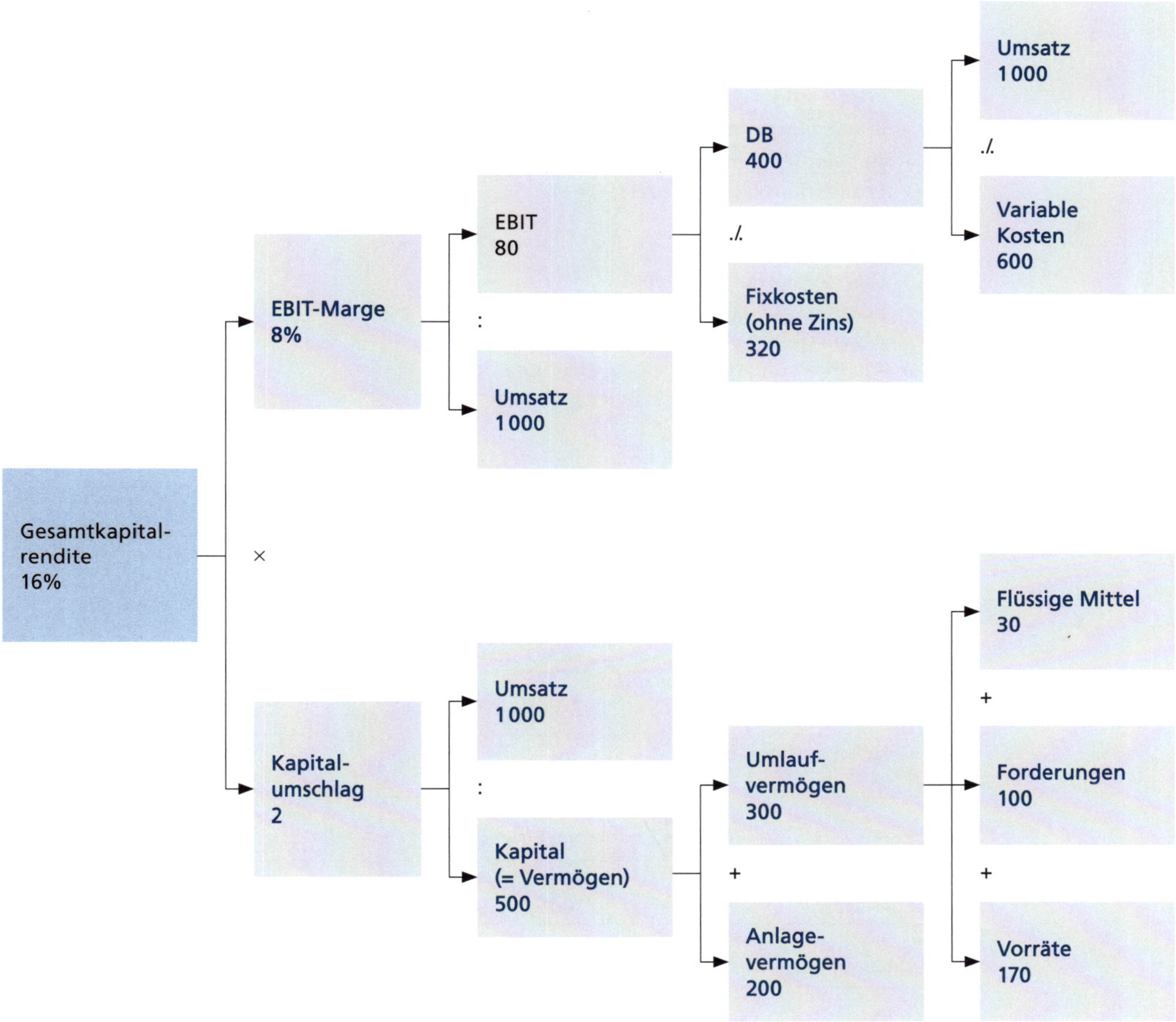
Gesamtkapital-
rendite
16%
×
EBIT-Marge
8%
EBIT
80
:
Umsatz
1000
DB
400
./.
Fixkosten
(ohne Zins)
320
Umsatz
1000
./.
Variable
Kosten
600
Kapital-
umschlag
2
Umsatz
1000
:
Kapital
(= Vermögen)
500
Umlauf-
vermögen
300
+
Anlage-
vermögen
200
Flüssige Mittel
30
+
Forderungen
100
+
Vorräte
170

4.09

a)

Erfolgsrechnung

	Ertrag aus Lieferung und Leistung (= Umsatz)	2 300
+	Zunahmen unfertige und fertige Erzeugnisse	120
+	Aktivierte Eigenleistungen	80
=	**Produktionsertrag (Betriebsertrag)**	**2 500**
./.	Materialaufwand	– 800
./.	Personalaufwand	– 700
./.	Diverser Betriebsaufwand	– 300
=	**Earnings before interest, tax, depreciation and amortization (EBITDA)[1]**	**700**
./.	Abschreibungen Sachanlagen (depreciation)	– 200
./.	Abschreibung Goodwill (amortization)	– 300
=	**Earnings before interest and tax (EBIT)[2]**	**200**
./.	Zinsaufwand	– 30
=	**Gewinn vor Steuern (Earnings before tax, EBT)**	**170**
./.	Steuern	– 60
=	**Gewinn**	**110**

b)

Kennzahl	Berechnung	Resultat
Eigenkapitalrendite, ROE	110 : 500	**22%**
Gesamtkapitalrendite, ROA	200 : 1 500[3]	**13,3%**
EBITDA-Marge	700 : 2 300	**30,4%**
EBIT-Marge	200 : 2 300	**8,7%**
Gewinnmarge	110 : 2 300	**4,8%**
Materialintensität	800 : 2 500	**32%**
Personalintensität	700 : 2 500	**28%**
∅ Zinsfuss auf finanziellem Fremdkapital	30 : 500[3]	**6%**

[1] Ergebnis vor Zinsen, Steuern, Abschreibungen von Sachanlagen und Goodwill-Abschreibungen

[2] Ergebnis vor Zinsen und Steuern

[3] Eigenkapital = 500, Fremdkapital = 1 000 (davon operatives Fremdkapital 500 und finanzielles Fremdkapital 500)

4.10

a)

Erfolgsrechnung (in Mio. CHF)

	Warenertrag	500
./.	Warenaufwand	– 280
=	**Bruttogewinn**	**220**
./.	Personalaufwand	– 130
./.	Abschreibungen	– 14
./.	Übriger Betriebsaufwand	– 40
=	**EBIT**	**36**
./.	Finanzaufwand	– 11
=	**Gewinn vor Steuern**	**25**
./.	Steuern	– 10
=	**Gewinn**	**15**

b)

Kennzahl	Berechnung	Resultat
Rentabilität des Gesamtkapitals, ROA	36 : 400 (oder 7,2% • 1,25)	**9%**
Rentabilität des Eigenkapitals	15 : 200	**7,5%**
Bruttogewinnmarge	220 : 500	**44%**
EBIT-Marge	36 : 500	**7,2%**
Gewinnmarge	15 : 500	**3%**
Kapitalumschlag	500 : 400	**1,25**
Umsatz je m^2 Verkaufsfläche	500000000 : 40000 m^2	**12500**
Umsatz je Mitarbeiter	500000000 : 2000	**250000**
Personalintensität	130000 : 500000	**26%**

4.11

a)

Erfolgsrechnung (in Mio. CHF)

	Umsatzerlös (Verkaufsertrag)	100
+	Zunahme unfertige und fertige Erzeugnisse	20
=	**Produktionsertrag (Betriebsertrag)**	**120**
./.	Materialaufwand	– 30
./.	Personalaufwand	– 48
./.	Abschreibungen	– 6
./.	Übriger Aufwand	– 14
=	**EBIT**	**22**
./.	Zinsaufwand	– 2
=	**Gewinn vor Steuern**	**20**
./.	Steuern	– 8
=	**Gewinn**	**12**

b)

Kennzahl	Berechnung	Resultat
Rentabilität des Eigenkapitals, ROE	12 : 30	**40%**
EBIT-Marge	22 : 100	**22%**
Kapitalumschlag	100 : 80	**1,25**
Rentabilität des Gesamtkapitals, ROA	22% • 1,25 (Kontrolle 22 : 80)	**27,5%**
Rentabilität des investierten Kapitals, ROIC	(22 – 8) : (30 + 50 – 10) = 14 : 70	**20%**
Materialintensität	30 : 120	**25%**
Personalintensität	48 : 120	**40%**
Kapitalintensität[1]	6 : 120	**5%**
Zinsfuss Fremdkapital	2 : (50 – 10) = 2 : 40	**5%**

[1] Der Begriff *Kapital* wird hier im Sinne von Produktionsmitteln (Anlagevermögen) verwendet.

c) Der ROA misst die Fähigkeit des Unternehmens, durch den Einsatz von Vermögenswerten (= Gesamtkapital) wirtschaftliche Werte zu schaffen.

Beim ROIC steht die Verteilung der geschaffenen Werte an die Kapitalgeber im Vordergrund: Wie viel erhalten die Fremd- und Eigenkapitalgeber im Verhältnis zu ihrem Kapitaleinsatz zurück?

Beim ROIC nicht berücksichtigt werden die Steuern (weil diese nicht an die Kapitalgeber fliessen) und das operative Fremdkapital (weil dieses nicht von den Kapitalgebern zur Verfügung gestellt wird, sondern aus dem Umsatzprozess entsteht und deshalb grundsätzlich unverzinslich ist).

d) Die Eigenkapitalrendite sollte grösser sein als der Zinsfuss für das Fremdkapital, weil das Risiko für die Eigenkapitalgeber grösser ist als für die Fremdkapitalgeber. Eine Eigenkapitalrendite von etwa 10% (für Betriebe mit normalem Risiko) bis 20% (für Betriebe mit höherem Risiko) gilt in der Schweiz als gut.

Die Eigenkapitalrendite dieses Betriebs ist auch unter Berücksichtigung eines höheren Risikos für Pharmaunternehmen sehr hoch. Wahrscheinlich verfügt er zurzeit über sehr gute Produkte. Meist lässt sich eine so hohe Rendite mittelfristig nicht halten, weil Konkurrenten neue Produkte auf den Markt bringen oder nach Ablauf des Patentschutzes billigere Nachahmerprodukte (Generika) anbieten.

4.12

a)

Interne Schlussbilanz

Aktiven		Passiven	
Flüssige Mittel	30	Verbindlichkeiten L+L	100
Forderungen L+L	150	Langfristiges Fremdkapital	300
Vorräte	220	Aktienkapital	200
Anlagevermögen	400	Gewinnreserven	200
	800		800

Interne Erfolgsrechnung

Aufwand		Ertrag	
Materialaufwand	600	Verkaufserlös (= Umsatz)	1440
Personalaufwand	400	Bestandesänderungen von unfertigen und fertigen Erzeugnissen	60
Zinsaufwand	20		
Abschreibungen	110		
Übriger Aufwand	280		
Steuern	30		
Gewinn	60		
	1500		1500

b)

Kennzahl	Berechnung	Resultat
Intensität des Anlagevermögens	400 : 800	**50%**
Eigenfinanzierungsgrad	400 : 800	**50%**
Liquiditätsgrad 2	(30 + 150) : 100 = 180 : 100	**180%**
Anlagendeckungsgrad 2	(200 + 200 + 300) : 400 = 700 : 400	**175%**
Gewinnmarge	60 : 1440	**4,2%**
EBIT-Marge	(60 + 30 + 20) : 1440 = 110 : 1440	**7,6%**
Rentabilität des Eigenkapitals, ROE	60 : (200 + 200) = 60 : 400	**15%**
Rentabilität des Gesamtkapitals, ROA	(60 + 30 + 20) : 800 = 110 : 800	**13,8%**
Materialintensität	600 : (1440 + 60) = 600 : 1500	**40%**
Personalintensität	400 : (1440 + 60) = 400 : 1500	**26,7%**
Kapitalintensität	110 : (1440 + 60) = 110 : 1500	**7,3%**

4.13

a)

Interne Schlussbilanz

Aktiven		Passiven	
Flüssige Mittel	20	Kurzfristiges Fremdkapital	120
Forderungen	190	Langfristiges Fremdkapital	370
Materialvorrat	120	Aktienkapital	300
Fabrikatevorrat	90	Reserven	462
Anlagevermögen	850	Gewinn	18
	1 270		1 270

Interne Erfolgsrechnung

	Verkaufsertrag	2 000
+	Zunahme Fabrikatevorrat	30
=	**Produktionsertrag**	**2 030**
./.	Materialaufwand	– 500
./.	Personalaufwand	– 600
./.	Abschreibungen	– 190
./.	Sonstiger operativer Aufwand	– 700
=	**EBIT**	**40**
./.	Fremdkapitalzinsen	– 10
=	**Gewinn vor Steuern**	**30**
./.	Steuern	– 12
=	**Gewinn**	**18**

b)

Kennzahl	Berechnung	Resultat
Eigenfinanzierungsgrad	780 : 1 270	61%
Intensität des Anlagevermögens	850 : 1 270	67%
Liquiditätsgrad 2	(20 + 190) : 120 = 210 : 120	175%
EBIT-Marge	40 : 2 000	2%
Gewinnmarge	18 : 2 000	0,9%
Rentabilität des Gesamtkapitals	40 : 1 270	3,1%
Rentabilität des Eigenkapitals	18 : 780	2,3%

c)

Kennzahl	Berechnung	Resultat
Rentabilität des Eigenkapitals gemäss externer (Steuer-)Bilanz	48 : 480	10%

Das Vorhandensein von stillen Reserven suggeriert vielen Laien, dem Unternehmen gehe es wirtschaftlich gut. In Wirklichkeit ist der Leistungsausweis eines Unternehmens gegenüber den Eigentümern nach Bereinigung oft schlechter, da das wirkliche Eigenkapital als Basis für die Berechnung der Eigenkapitalrendite höher ist.

Hier im Beispiel wurden in der externen Rechnung ausserdem stille Reserven aufgelöst, was zu einem gegenüber der Wirklichkeit zu hohen Gewinnausweis führte. (Diese Auflösung muss den Aktionären gemäss OR 959c Ziff. 3 im Anhang zur Jahresrechnung angezeigt werden.)

4.14

a)

Bilanz per 31. 12. 20_5

Aktiven			Passiven		
Umlaufvermögen			**Fremdkapital**		
Flüssige Mittel	7		Kurzfristiges Fremdkapital	40	
Forderungen	53		Langfristiges Fremdkapital	80	120
Vorräte	30	90			
			Eigenkapital		
			Aktienkapital	50	
Anlagevermögen			Kapitalreserven	8	
Finanzanlagen	15		Gewinnreserven	40	
Sachanlagen	90		./. Eigene Aktien	– 8	
Immaterielle Werte	5	110	./. Nicht einbezahltes Aktienkapital	– 10	80
		200			200

Erfolgsrechnung 20_5

	Warenertrag (Nettoerlöse aus Lieferungen und Leistungen)	400
./.	Warenaufwand	– 300
=	**Bruttogewinn**	**100**
./.	Personalaufwand	– 50
./.	Übriger betrieblicher Aufwand	– 20
./.	Abschreibungen	– 10
=	**Ergebnis vor Zinsen und Steuern (EBIT)**	**20**
+	Finanzertrag	2
./.	Finanzaufwand	– 7
=	**Gewinn vor Steuern**	**15**
./.	Steuern	– 3
=	**Jahresgewinn**	**12**

b)

Kennzahl	Berechnung	Resultat
Intensität des Anlagevermögens	110 : 200	**55%**
Eigenfinanzierungsgrad	80 : 200	**40%**
Selbstfinanzierungsgrad	40 : 80	**50%**
Liquiditätsgrad 2	(7 + 53) : 40 = 60 : 40	**150%**
Anlagedeckungsgrad 2	(80 + 80) : 110 = 160 : 110	**145%**
Bruttogewinnmarge	100 : 400	**25%**
EBIT-Marge	20 : 400	**5%**
Gewinnmarge	12 : 400	**3%**
Rentabilität des Gesamtkapitals	20 : 200	**10%**
Rentabilität des Eigenkapitals	12 : 80	**15%**

Die Kennzahlenwerte der NaturPur AG sind meist etwas besser als die Branchendurchschnittswerte. Nur die Eigenkapitalrendite liegt geringfügig unter dem Schnitt.

4.15

a) Die gesuchten Grössen lassen sich in folgenden Schritten errechnen:

Gesamtvermögen = Gesamtkapital	800000 : 40% • 100% = 2000000
Eigenkapital = Fremdkapital	50% von 2000000 = 1000000
Verzinsliches Fremdkapital	1000000 – 100000 = 900000
Zinsfuss für das Fremdkapital	54000 : 900000 = 6%
EBIT	5% von 2000000 = 100000
Gewinn vor Steuern	100000 – 54000 = 46000
Steuern	30% von 46000 = 13800
Gewinn nach Steuern	46000 – 13800 = 32200
Eigenkapitalrendite	32200 : 1000000 = **3,22%**

b) Die Eigenkapitalrendite ist ungenügend. Die Finanzierung mit Fremdkapital wirkt sich negativ auf die Eigenkapitalrendite aus, weil der Zinsfuss für das Fremdkapital mit 6% über der Gesamtkapitalrendite von 5% liegt.

Die Gesamtkapitalrendite ist bei diesem Unternehmen deutlich zu tief. Als wichtigste Massnahme muss EBIT erheblich gesteigert werden (durch höhere Erträge und geringere operative Kosten).

Die Eigenkapitalrendite liesse sich ausserdem durch eine kostengünstigere Verschuldung verbessern (z. B. durch längerfristige Verschuldung bei tiefem Marktzinsniveau), was bei einem kleinen Unternehmen allerdings nicht so einfach realisierbar ist.

4.16

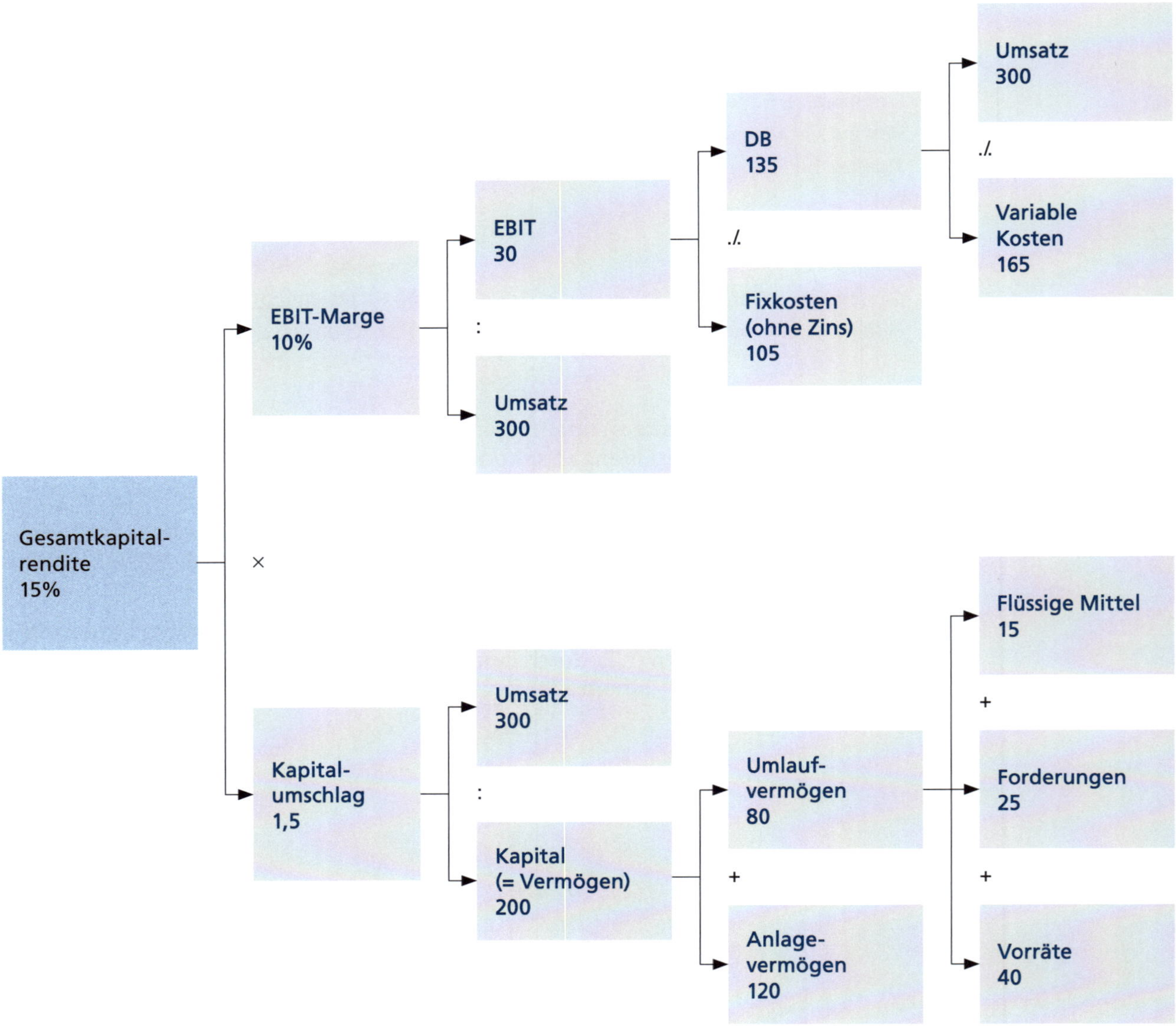
Gesamtkapital-
rendite
15%
×
EBIT-Marge
10%
EBIT
30
:
Umsatz
300
DB
135
./.
Fixkosten
(ohne Zins)
105
Umsatz
300
./.
Variable
Kosten
165
Kapital-
umschlag
1,5
Umsatz
300
:
Kapital
(= Vermögen)
200
Umlauf-
vermögen
80
+
Anlage-
vermögen
120
Flüssige Mittel
15
+
Forderungen
25
+
Vorräte
40

4.17

a)

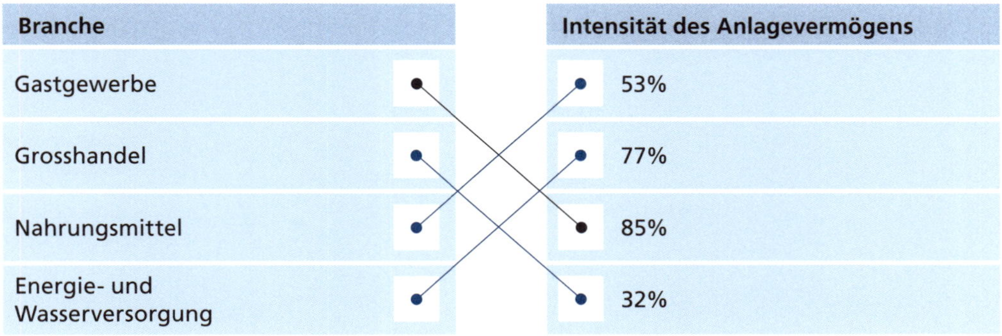

b) Die eidg. Statistik basiert auf externen Werten. Die tatsächlichen Werte sind eher höher, weil im Anlagevermögen oft stille Reserven vorhanden sind.

c)

Kennzahl	Berechnung	Resultat
Gesamtkapitalrendite	EBIT-Marge • Kapitalumschlag = 3 • 1,2	**3,6%**

Die goldene Bilanzregel verlangt, dass das langfristige Vermögen (Anlagevermögen) mit langfristigem Kapital (Eigenkapital und langfristiges Fremdkapital) finanziert werden soll, was mit dem Anlagendeckungsgrad 2 gemessen wird (im Schaubild ist dieser mithilfe der blauen Flächen berechenbar).

Weil der Liquiditätsgrad 3 grösser als 100% ist (im Schaubild mit den grauen Flächen berechnet), beträgt auch der Anlagendeckungsgrad 2 mehr als 100%.

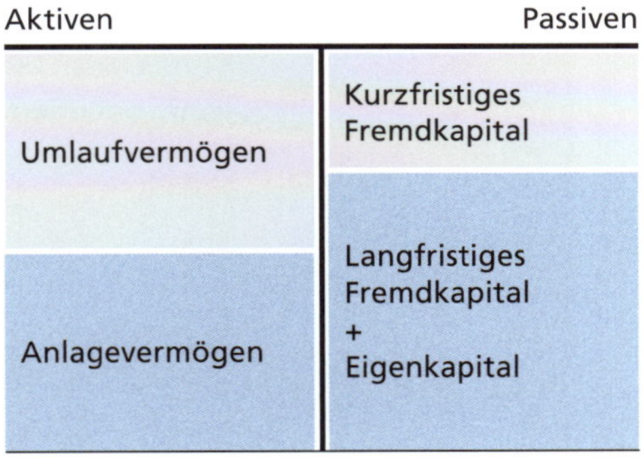

d) Der Eigenfinanzierungsgrad ist 60% von 50% = 30%.

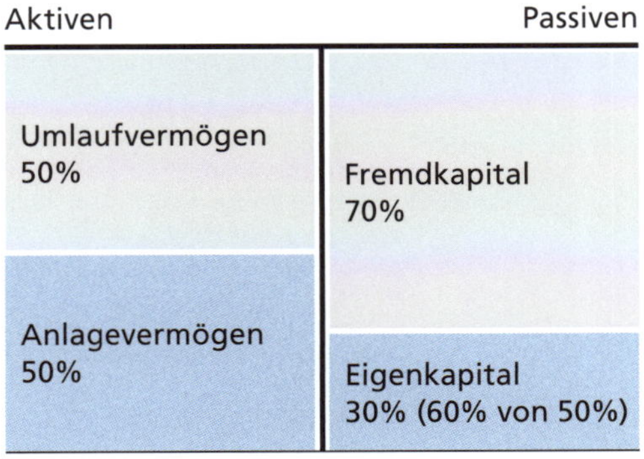

4.18

Die optimale Kapitalstruktur ist …	Erklärung
rentabilitätsoptimal	Die goldene Bilanzregel verlangt, dass langfristige Investitionen (Anlagevermögen) langfristig finanziert werden müssen (mit Eigenkapital oder langfristigem Fremdkapital).
liquiditätsgenügend	Eine hohe Fremdfinanzierung bedeutet oft einen Verlust der Eigenständigkeit, indem die Gläubiger Einfluss auf die Geschäftspolitik nehmen.
risikoangepasst	Die Rentabilität ist das Hauptziel der meisten Unternehmen. Diese sollte maximal oder optimal sein.
investitionsbezogen	Die Zahlungsbereitschaft ist ein lebenswichtiges Nebenziel. Sie sollte im Gegensatz zur Rentabilität nicht möglichst hoch sein, sondern nur genügend. Zu beachten ist der Zielkonflikt zwischen Rentabilität und Liquidität.
zukunftsorientiert	Die Bonität auf den Geld- und Kapitalmärkten soll erhalten bleiben. Für viele grosse Schuldner ist das veröffentlichte Kreditrating von Ratingagenturen (wie Standard & Poor's oder Moody's) sehr wichtig.
unabhängigkeitsbewahrend	Je risikoreicher eine Investition ist, desto eher sollte sie mit Eigenkapital finanziert werden. Je höher das Risiko ist, desto grösser sollte die Rentabilität sein (Zielkonflikt zwischen Rentabilität und Sicherheit).
publizitätsgerecht	Die finanzielle Flexibilität soll erhalten bleiben, z. B. durch Sicherung der «borrowing power» (Fähigkeit, Kredite aufnehmen zu können). Eine Finanzierung sollte nicht nur von der operativen Warte aus beurteilt werden (kein kurzfristiges «Löcherstopfen»), sondern auch aus strategischer Sicht (langfristig).

4.19

a)

Kennzahl	Berechnung	Resultat
Liquiditätsgrad 2	420 : 100	**420%**
Eigenfinanzierungsgrad	540 : 740	**73%**
Gesamtkapitalrendite	40 : 740	**5,4%**
Eigenkapitalrendite	29 : 540	**5,4%**

b) Die Abschlussrechnungen nach Durchführung der Massnahmen lauten:

Schlussbilanz

Aktiven		Passiven	
Kasse und Bank X	10	Kreditoren	30
Debitoren	20	Bank Y	0
Vorräte	60	Hypothek	0
Mobile Sachanlagen	60	Eigenkapital	320
Immobile Sachanlagen	200		
	350		350

Erfolgsrechnung

Verkaufsertrag	2 000
./. Materialaufwand	– 400
./. Personalaufwand	– 900
./. Sonstiger Betriebsaufwand	– 660
= **EBIT**	**40**
+ Zinsertrag	0
./. Zinsaufwand	– 0
= **Gewinn**	**40**

Aus diesen Abschlussrechnungen können folgende Renditen berechnet werden:

Kennzahl	Berechnung	Resultat
Gesamtkapitalrendite	40 : 350	**11,4%**
Eigenkapitalrendite	40 : 320	**12,5%**

c) Durch die höhere Verschuldung ergeben sich folgende Abschlussrechnungen:

Schlussbilanz

Aktiven		Passiven	
Kasse und Bank X	10	Kreditoren	**30**
Debitoren	20	Bank Y	100
Vorräte	60	Hypothek	100
Mobile Sachanlagen	60	Eigenkapital	120
Immobile Sachanlagen	200		
	350		350

Erfolgsrechnung

Verkaufsertrag	2 000
./. Materialaufwand	– 400
./. Personalaufwand	– 900
./. Sonstiger Betriebsaufwand	– 660
= **EBIT**	**40**
+ Zinsertrag	0
./. Zinsaufwand	– 12
= **Gewinn**	**28**

Aus diesen Abschlussrechnungen können folgende Renditen berechnet werden:

Kennzahl	Berechnung	Resultat
Gesamtkapitalrendite	40 : 350	**11,4%**
Eigenkapitalrendite	28 : 120	**23,3%**

In Aufgabe c) wird die positive Auswirkung des Fremdkapitaleinsatzes auf die Eigenkapitalrendite sichtbar (finanzieller Leverage).

4.20

a)

Jahr	Anfangskapital	Zins (Zinsfuss 10%)	Rückzahlung (Amortisation)
20_1	120	10% von 120 = 12	**48 – 12 = 36**
20_2	120 – 36 = 84	10% von 84 = 8	**48 – 8 = 40**
20_3	84 – 40 = 44	10% von 44 = 4	**48 – 4 = 44**

b)

Schlussbilanz per 31. 12. 20_1 (in TCHF)

Umlaufvermögen	40	40	Fremdkapital	20	104
Anlagevermögen	40	120	Eigenkapital	60	56
	80	160		80	160

Erfolgsrechnung 20_1 (in TCHF)

Passiven

Übriger Aufwand	380	332	Ertrag	400	400
Abschreibungen	13	53			
Zinsaufwand	1	13			
Gewinn	6	2			
	400	400		400	400

c)

	Ohne Bilanzierung		Mit Bilanzierung	
Fremdfinanzierungsgrad	20 : 80 =	25%	**104 : 160 =**	**65%**
Anlageintensität	40 : 80 =	50%	**120 : 160 =**	**75%**
Kapitalumschlag	400 : 80 =	5	**400 : 160 =**	**2,5**
EBIT-Marge[1]	(1 + 6) : 400 =	1,75%	**(13 + 2) : 400 =**	**3,75%**
Gesamtkapitalrendite	5 • 1,75% =	8,75%	**2,5 • 3,75% =**	**9,4%**

Das Bilanzbild verschlechtert sich durch die Bilanzierung des Leasings deutlich (wobei die Zahlen absichtlich so klein gewählt wurden, dass dieser Effekt gut sichtbar wird).

Die Gesamtkapitalrendite bleibt ähnlich hoch, hingegen verändern sich die beiden Faktoren (Kapitalumschlag und EBIT-Marge), wobei sich die Situation im Verlaufe der drei Jahre ändert.[1]

[1] Der Gewinn ist im ersten Jahr kleiner, weil der Zinsaufwand (12) zusammen mit den Abschreibungen (40) um 4 grösser ist als die Leasingrate (48). Im dritten Jahr ist die Situation umgekehrt: Zins (4) und Abschreibung (40) zusammen sind kleiner als die Leasingrate (48).

4.21

a)

Erfolgsrechnung 20_5 (in Mio. CHF)

	Umsatz	2 872
./.	Herstellkosten ohne Zinsen und Abschreibungen	– 2 553
=	**EBITDA**	**319**
./.	Abschreibungen	– 118
=	**EBIT**	**201**
./.	Finanzertrag	– 16
./.	Finanzaufwand	– 28
=	**Gewinn vor Steuern (EBT)**	**157**
./.	Steuern	– 70
=	**Gewinn**	**87**

b)

Kennzahl	Formel	Berechnung	Ergebnis
Book-to-bill-ratio	$\frac{\text{Bestellungseingang (book)}}{\text{Fakturierter Umsatz (bill)}}$	$\frac{2999}{2872}$	1,04 oder 104%

c) Die Book-to-bill-ratio ist ein vorlaufender Indikator: Die Kennzahl ermöglicht Aussagen über die künftige Geschäftsentwicklung.

Ein Wert über 100% bedeutet, dass der Bestellungseingang grösser ist als der fakturierte Umsatz, sodass für die nächste Periode mit einem steigenden Umsatz zu rechnen ist. Die Kapazitätsauslastung dürfte aus diesem Grunde zunehmen, was zu sinkenden Stückkosten und steigenden EBIT- und Gewinnmargen führen müsste.

d)

	20_1	20_2	20_3	20_4	20_5
EBIT-Marge	6,5%	**5,7%**	7,0%	**6,7%**	7,0%
Kapitalumschlag	1,2	**1,1**	1,2	**1,3**	1,3
Gesamtkapitalrendite[1]	7,7%	**6,3%**	8,2%	**8,8%**	9,0%
Gewinnmarge	5,1%	**5,2%**	5,1%	**3,7%**	3,0%
Eigenkapitalrendite	16,1%	**15,0%**	15,9%	**12,2%**	10,0%

e) Die beiden Sparten (das Textilmaschinengeschäft und das Automobilzulieferergeschäft) sind auf den Weltmärkten grossen konjunkturellen Schwankungen ausgesetzt, was sich in deutlich schwankenden Umsätzen niederschlägt.

Die EBIT-Margen verlaufen einigermassen parallel zur Umsatzentwicklung (sie korrelieren): Bei rückläufigem Umsatz steigen die Stückkosten, weil vor allem die Fixkosten nicht im gleichen Ausmass abgebaut werden können, wie die Produktionshöhe zurückgeht (so genannte Kostenremanenz). Ausserdem geraten in rezessiven Zeiten die Verkaufspreise unter Druck. Fallende Verkaufspreise und steigende Stückkosten führen zu kleineren EBIT-Margen.

Die Gesamtkapitalrentabilität gibt Auskunft über die Wirtschaftlichkeit der operativen Tätigkeit. Sie unterliegt grundsätzlich den oben geschilderten Schwankungen. Insgesamt konnte die Gesamtkapitalrendite im Verlaufe der fünf Jahre trotzdem gesteigert werden. Dies ist nicht zuletzt auf einen effizienteren Kapitaleinsatz zurückzuführen, wie er sich im steigenden Kapitalumschlag niederschlägt.

Die Entwicklung der Eigenkapitalrendite ist völlig unbefriedigend. Der negative Trend lässt sich vor allem auf die sinkenden Finanzergebnisse[2] zurückführen: In den anfänglich guten Börsenjahren wurde das Gesamtergebnis durch Finanzerträge massgeblich vergrössert, in den Folgejahren jedoch prägnant geschmälert.

> Durch die Volatilität der Finanzergebnisse wird die von Texauto erreichte Effizienz in den Kerngeschäften Textilmaschinen und Autozulieferung völlig verwischt. Aus Sicht der Investoren (Aktionäre) würde sich die Gesellschaft besser auf ihr Kerngeschäft konzentrieren als Finanzinvestitionen tätigen.[3]

1 Die Gesamtkapitalrendite wurde hier als Quotient aus EBIT und Gesamtkapital errechnet. Sofern die Gesamtkapitalrendite als Produkt aus EBIT-Marge und Kapitalumschlag ermittelt wird, können sich kleinere Rundungsdifferenzen ergeben.

2 Die Geldanlagen der Texauto sind erheblich: Ende 20_5 betrugen die flüssigen Mittel 14,9% der Bilanzsumme (331 : 2224).

3 Hätte die Texauto im Jahre 20_5 beispielsweise keine riskanten Geldanlagen getätigt und die flüssigen Mittel durch den Kauf eigener Aktien um 200 Mio. CHF vermindert, wäre überschlagsmässig folgende Eigenkapitalrendite erzielt worden:

Eigenkapitalrendite	$\frac{\text{Gewinn}}{\text{Eigenkapital}}$	$\frac{87 + 16}{873 - 200}$	**15,3%**

4.22

a)

Kennzahlen	Swisscom	Orange	Kommentar
Fremdfinanzierungs-grad	9000 : 17000 = **53%**	**15000 : 29000 = 52%**	Beide Gesellschaften weisen einen relativ niedrigen Fremdfinanzierungsgrad auf und erscheinen als sicher finanziert. Bei Orange fällt allerdings der hohe kurzfristige Anteil am Fremdkapital negativ ins Gewicht.
Anlageintensität	12000 : 17000 = **71%**	**24000 : 29000 = 83%**	Beide sind anlageintensiv, Orange sogar sehr. Bei Orange fällt der hohe Anteil an immateriellen Anlagen auf (UMTS-Lizenzen und Goodwill zusammen sind 46% des Anlagevermögens).
Liquiditätsgrad 2	4800 : 4000 = **120%**	**4800 : 11000 = 44%**	Swisscom erfüllt die Faustregel von 100%; die Liquidität von Orange erscheint als ungenügend.
EBITDA-Marge	4400 : 15000 = **29,3%**	**5000 : 17000 = 29,4%**	Im Bereitstellen und Verkaufen von Telekommunikationsleistungen sind beide gleich gut.
EBIT-Marge	1700 : 15000 = **11,3%**	**1900 : 17000 = 11,2%**	Die EBIT-Marge ist eine sehr wichtige Kennzahl zur Beurteilung der durch die operative Tätigkeit erzeugten Wertschöpfung. Wegen der hohen Anlageintensität und den damit verbundenen Abschreibungen ist die EBIT-Marge deutlich tiefer als die EBITDA-Marge. Sie ist für beide gleich hoch.[1]
Kapitalumschlag	15000 : 17000 = **0,88**	**17000 : 29000 = 0,59**	Orange fällt klar ab. Zurückzuführen ist dies hauptsächlich auf das hohe immaterielle Anlagevermögen.[2]
Gesamtkapitalrendite	11,3% • 0,88 = **10,0%**	**11,2% • 0,59 = 6,6%**	Die Gesamtkapitalrentabilität von Orange ist klar ungenügend. Die Ursache liegt beim zu geringen Kapitalumschlag.

1 Allerdings wurden bei Orange von den Buchautoren ausserordentliche Abschreibungen weggelassen (vgl. Fussnote zur Aufgabenstellung).

2 Die UMTS-Lizenzen sind bei Orange mit rund 8 Mrd. Euro bilanziert. Ohne diese ergäbe sich ein mit Swisscom vergleichbarer Kapitalumschlag von etwa 0,81.

Bei der Einführung der UMTS-Technologie wird zurzeit (Anfang 2004) mit Verspätungen von mehreren Jahren gerechnet. Es ist aus heutiger Sicht durchaus möglich, dass sich die erworbenen UMTS-Lizenzen für Orange eines Tages als strategischer Vorteil erweisen werden.

b)

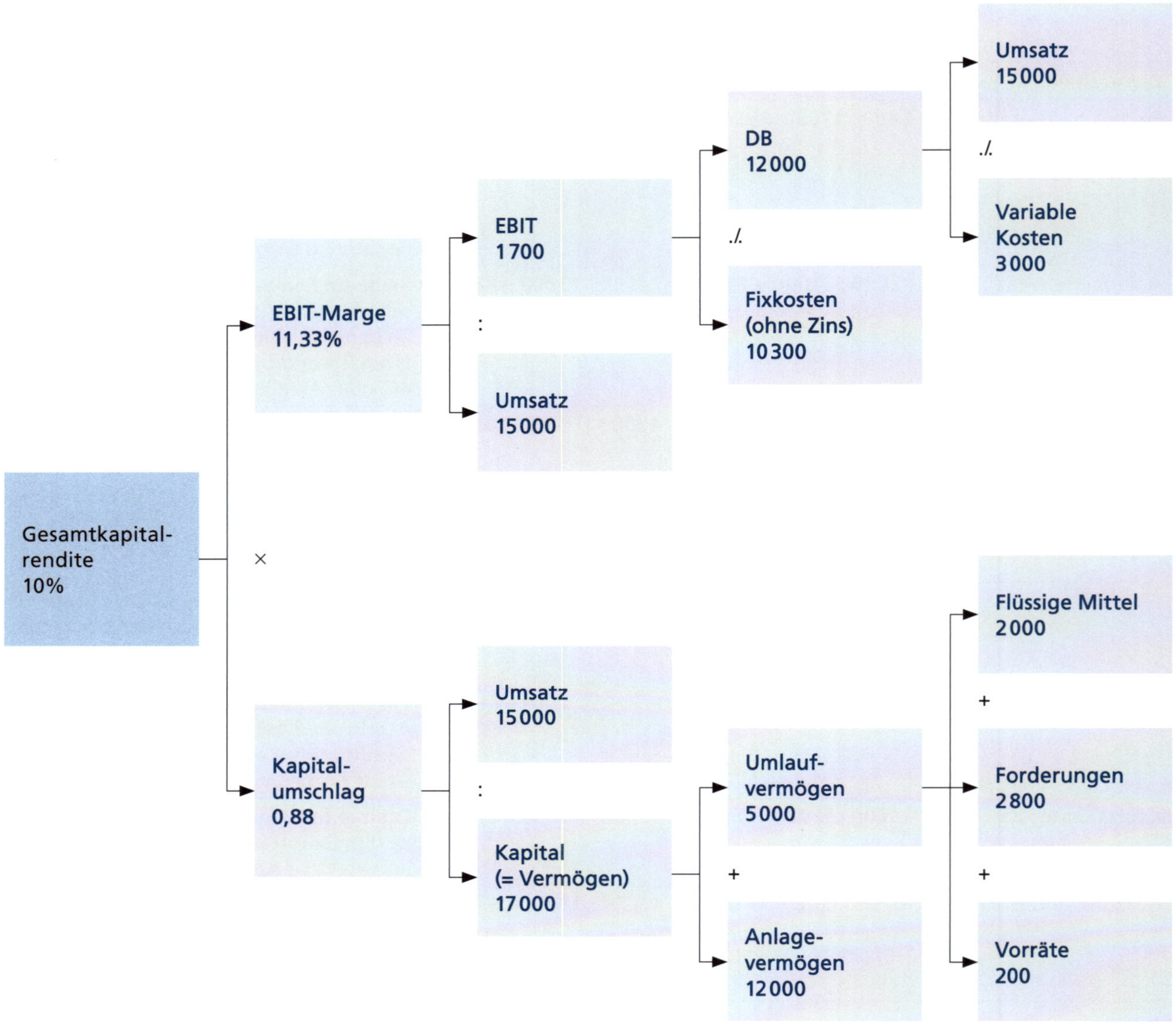
Gesamtkapital-
rendite
10%
×
EBIT-Marge
11,33%
EBIT
1700
:
Umsatz
15000
DB
12000
./.
Fixkosten
(ohne Zins)
10300
Umsatz
15000
./.
Variable
Kosten
3000
Kapital-
umschlag
0,88
Umsatz
15000
:
Kapital
(= Vermögen)
17000
Umlauf-
vermögen
5000
+
Anlage-
vermögen
12000
Flüssige Mittel
2000
+
Forderungen
2800
+
Vorräte
200

4.23

a)

Eigenkapitalrendite (Return on equity, ROE)	$\frac{\text{Gewinn}}{\text{Eigenkapital}}$	$\frac{300}{1000}$	**30%**
Schadensatz (Claims ratio)	$\frac{\text{Versicherungsaufwand}}{\text{Prämienertrag}}$	$\frac{2000}{2500}$	**80%**
Kostensatz (Expense ratio)	$\frac{\text{Verwaltungsaufwand}}{\text{Prämienertrag}}$	$\frac{750}{2500}$	**30%**
Combined ratio	$\frac{\text{Versicherungs- + Verwaltungsaufwand}}{\text{Prämienertrag}}$	$\frac{2000 + 750}{2500}$ oder 30% + 80%	**110%**

b) Die **Eigenkapitalrendite** von 30% ist sehr hoch. Allerdings kommt diese nur aufgrund des sehr hohen Finanzergebnisses zustande. Im Sinne einer Überschlagsrechnung erbringen die Finanzanlagen einen ROA von 550 : 6000 = 9%. Eine so hohe Rendite auf den Anlagen lässt sich nur in Zeiten eines Börsenbooms oder mit (anderen) risikoreichen Investitionen erreichen. Bei einem gegenwärtig (Jahre 2003 und 2004) sehr tiefen Zinsniveau kann dieses Finanzergebnis nicht wiederholt werden.

Die **Combined ratio** ist für Versicherungsgesellschaften eine der wichtigsten Kennzahlen. Sie gibt Auskunft darüber, ob das reine Versicherungsgeschäft (ohne Finanzergebnis) gewinnbringend abgewickelt werden kann. Das ist bei dieser Versicherungsgesellschaft überhaupt nicht der Fall: Entweder sind die Prämien zu tief, die Schadensfälle zu zahlreich bzw. zu teuer oder die Verwaltungskosten zu hoch (oder alles miteinander).

4.24

1. Schritt: Rentabilität des investierten Kapitals

Return on invested capital, ROIC (Rentabilität des investierten Kapitals)	$\frac{\text{Gewinn + Zinsen}}{\text{Investiertes Kapital}}$	$\frac{150 + 60^{1}}{1000 + 1500}$	**8,4%**

2. Schritt: Durchschnittliche Kapitalkosten (WACC)

Eigenkapitalkosten + Fremdkapitalkosten, steueradjustiert	1 000 kalkulatorisch verzinst mit 10% 1 500 zum steuerbereinigten Zinsfuss von 3%[2]	100 45
= Gesamtkosten des investierten Kapitals		145
Durchschnittskostensatz (WACC)	145 : 2 500	5,8%

3. Schritt: EVA

Economic value added, EVA	$\underbrace{\text{(ROIC – WACC)}}_{\text{Überrendite}}$ • Investiertes Kapital	$\underbrace{\text{(8,4\% – 5,8\%)}}_{\text{2,6\%}}$ • 2 500	**65**

Die vom Unternehmen erzielte Rentabilität des investierten Kapitals liegt 2,6% über der für das investierte Kapital normalerweise erwarteten, marktgerechten Verzinsung. Das ist eine so genannte Überrendite oder Differenzialrendite. Als absoluter Wert ergibt sich für dieses Jahr ein EVA von 65.

1

EBIT	260
./. Zinsaufwand	– 60
= **Gewinn vor Steuern**	**200**
./. Steuern	– 50
= **Gewinn nach Steuern**	**150**

2 Der Zinsfuss beträgt 4% (60 : 1 500). Der steueradjustierte Satz von 3% ergibt sich aus der Multiplikation von 4% mit 75% (100% – 25% Steuersatz).

4.25

1. Schritt: Rentabilität des investierten Kapitals

Return on invested capital, ROIC	$\frac{\text{Net income + interest}}{\text{Invested capital}}$	$\frac{28 + 8}{200 + 160}$	**10%**

2. Schritt: Durchschnittliche Kapitalkosten (WACC)

Eigenkapitalkosten + Fremdkapitalkosten, steueradjustiert	200 kalkulatorisch verzinst mit 12% 160 zum steuerbereinigten Zinsfuss von 3,5 (70% von 5%)	24,0 5,6
= Gesamtkosten für das investierte Kapital		29,6
Durchschnittskostensatz (WACC)	29,6 : 360	8,22%

3. Schritt: EVA

Economic value added, EVA	$\underbrace{\text{(ROIC – WACC)}}_{\text{Überrendite}} \cdot \text{Invested capital}$	$\underbrace{(10\% - 8{,}22\%)}_{1{,}78\%} \cdot 360$	**6,4**

Die vom Unternehmen erzielte Rentabilität des investierten Kapitals liegt 1,78% über der für das investierte Kapital normalerweise erwarteten, marktgerechten Verzinsung. Wird diese Überrendite auf das investierte Kapital angewandt, ergibt sich für dieses Jahr ein EVA von 6,4.

4.26

1. Schritt: Rentabilität des investierten Kapitals

Return on invested capital, ROIC	$\frac{\text{Net income + interest}}{\text{Invested capital}}$	$\frac{30 + 24}{1000}$	**5,4%**

2. Schritt: Durchschnittliche Kapitalkosten (WACC)

Eigenkapitalkosten + Fremdkapitalkosten, steueradjustiert	600 kalkulatorisch verzinst mit 10% 400 zum steuerbereinigten Zinsfuss von 4,5 (75% von 6%)	60 18
= Gesamtkosten für das investierte Kapital		78
Durchschnittskostensatz (WACC)	78 : 1000	7,8%

3. Schritt: EVA

Economic value added, EVA	(ROIC – WACC) · Invested capital	(5,4% – 7,8%) · 1000	**– 24**

Die Wirtschaftsleistung dieser Gesellschaft ist ungenügend. Ein negativer EVA stellte eine Wertvernichtung dar: Das Unternehmen erwirtschaftet mit den im Betrieb investierten Aktiven weniger Werte als die Finanzierung dieser Aktiven an Kapitalkosten verursacht.

4.27

	Alpha AG	Projekt Beta	Total
Rendite des investierten Kapitals (ROIC)	$\frac{60}{1000} = 6\%$	$\frac{24}{300} = 8\%$	$\frac{84}{1300} = 6{,}5\%$
EVA	(6% – 10%) · 1000 = – 40	(8% – 10%) · 300 = – 6	– 46

Die beiden Kennzahlen widersprechen sich:

- Aufgrund der klassischen Renditeüberlegung müsste ins Projekt Beta investiert werden.
- Die EVA-Betrachtung deckt allerdings auf, dass mit Projekt Beta Werte vernichtet würden.

Auf der Grundlage einer wertorientierten Unternehmensführung (EVA-Ansatz) wird sich das Management gegen das Projekt Beta aussprechen. (Allerdings spielen bei der Entscheidungsfindung auch noch andere Überlegungen eine Rolle, z. B. der Gewinn von Marktanteilen.)

Exkurs: Ergänzende Kennzahlen bei börsenkotierten Unternehmen

4.50

a)

Gewinnrendite	$\frac{\text{Gewinn}}{\text{Börsenkapitalisierung}}$	$\frac{28}{400}$	**7%**
oder:	$\frac{\text{Gewinn je Aktie}}{\text{Aktienkurs}}$	$\frac{0{,}28}{4}$	**7%**

b) Ein Investor muss beim Kauf von Aktien den Börsenkurs bezahlen, nicht das buchmässig ausgewiesene Eigenkapital, weshalb er sich auch für die Gewinnrendite interessiert. Mithilfe der Gewinnrendite kann ein Investor das künftige Ausschüttungs- bzw. Kurssteigerungspotenzial abschätzen.

c)

Ausschüttungsquote	$\frac{\text{Dividende}}{\text{Gewinn}}$	$\frac{21}{28}$	**75%**
oder:	$\frac{\text{Dividende je Aktie}}{\text{Gewinn je Aktie}}$	$\frac{0{,}21}{0{,}28}$	**75%**

d) Der einkommensorientierte Aktionär schätzt die hohe Dividendenausschüttung. Diese stellt allerdings steuerpflichtiges Einkommen (bzw. Ertrag) dar. Aus Sicht der Steueroptimierung wäre die Gewinnthesaurierung und die (normalerweise) damit verbundene Kurssteigerung der Aktien für den Anleger vorteilhafter.

Für die Aktiengesellschaft stellt die Ausschüttung einen Abfluss an flüssigen Mitteln und eine Schwächung der Eigenkapitalbasis dar.

e)

Dividendenrendite	$\frac{\text{Dividende}}{\text{Börsenkapitalisierung}}$	$\frac{21}{400}$	**5,25%**
oder:	$\frac{\text{Dividende je Aktie}}{\text{Aktienkurs}}$	$\frac{0{,}21}{4}$	**5,25%**

f) Die Angabe einer Kursdifferenz (zwischen Kauf- und Verkaufskurs) fehlt.

Aktienrendite	$\frac{\text{Dividende +/– Kursdifferenz}}{\text{Aktienkurs (Kaufpreis)}}$	$\frac{0{,}21 \text{ +/– ?}}{4}$	**?**

Die Aktienrendite lässt sich nicht berechnen, weil in der Aufgabenstellung keine Kursdifferenz gegeben ist.

g)

Kurs/Gewinn-Verhältnis, KGV	$\frac{\text{Kurs}}{\text{Gewinn je Aktie}}$	$\frac{4}{0{,}28}$	**14**

h) Das KGV ist der reziproke Wert (Kehrwert) der Gewinnrendite.
KGV = 1 : Gewinnrendite = 1 : 7% = 14.

i) Das ist grundsätzlich ein sehr hohes KGV, das einer Gewinnrendite von nur 2% entspricht. Allerdings ist bei der Beurteilung das vermutete Gewinnwachstum der Aktiengesellschaft sehr wichtig, weshalb die PEG ratio grosse Bedeutung hat (siehe nächste Frage).

k)

KGV/Wachstums-Verhältnis	$\frac{\text{KGV}}{\text{Gewinnwachstum}}$	$\frac{14}{10}$	**1,4**

l) Ein tiefes KGV und/oder ein hohes Gewinnwachstum führen zu einer kleinen PEG ratio. Und je tiefer der Kennzahlenwert ist, desto attraktiver sind die Aktien. Ein Quotient um 1 herum wird als sehr gut beurteilt. Mit 1,4 ist die PEG ratio dieser Gesellschaft immer noch gut.

m)

Kurs/Buchwert-Verhältnis	$\frac{\text{Börsenkapitalisierung}}{\text{Eigenkapital}}$	$\frac{400}{200}$	**2**
oder:	$\frac{\text{Aktienkurs}}{\text{Buchwert je Aktie}}$	$\frac{4}{2}$	**2**

n) Leider lässt ein bestimmter P/B-Wert verschiedene Interpretationen zu:

- Ein hoher P/B-Wert kann einerseits als Kaufsignal für eine Aktie betrachtet werden, weil die Gewinnerwartungen gross sind. Anderseits bergen hohe P/B-Werte gleichzeitig das Risiko von Kursverlusten, weil sich die erwarteten Gewinne später allenfalls nicht einstellen.
- Tiefe Kennzahlenwerte können ungenügende Gewinnaussichten einer Gesellschaft widerspiegeln, aber auch Kaufsignale darstellen, indem sie auf Unterbewertungen (und damit günstige Kaufgelegenheiten) hinweisen.

4.51

Aufgabe	Titel	Dividenden	Kaufkurs	Verkaufskurs	Besitzdauer	Jahresertrag	Rendite
a)	Bank AG	20 + 25 + 25 = 70	800	850	3 Jahre	(70 + 50) : 3 = 40	**40 : 800 = 5%**
b)	Holding AG	40	1000	1080	16 Monate	(40 + 80) : 16 · 12 = 90	**90 : 1000 = 9%**
c)	Fabrik AG	6 + 6 + 8 = 20	600	640	3 Jahre 4 Monate	(20 + 40) : 40 · 12 = 18	**18 : 600 = 3%**
d)	Handel AG	3 + 2 = 5	300	235	4 Jahre	(5 – 65) : 4 = – 15	**– 15 : 300 = – 5%**

4.52

Aufgabe	Titel	Dividenden bzw. Zinsfuss	Kaufkurs	Verkaufskurs	Besitzdauer		Rendite
a)	Hotel AG	12	400	420	1 Jahr		8%
b)	Tansport AG	10 + 10 = 20	500	540	2 Jahre		6%
c)	Pharma AG	4 + 5 + 7 = 16	200	230	2 Jahre 108 Tage		10%
d)	Industrie AG	7 + 4 + 3 + 6 = 20	300	340	4 Jahre		5%

Lösungshinweise

a) Jahresertrag = 8% von 400 = 32
Dividende = Jahresertrag ./. Kursgewinn = 32 – 20 = 12

b) Jahresertrag = 6% von 500 = 30
Gesamtertrag = 2 Jahre zu 30 = 60
Kursgewinn = Gesamtertrag ./. Dividende = 60 – 20 = 40

c) Jahresertrag = 10% von 200 = 20
Gesamtertrag = 2,3 Jahre zu 20 = 46
Gesamte Dividenden = Gesamtertrag ./. Kursgewinn = 46 – 30 = 16

d) x = gesuchter Kaufkurs
Gesamtertrag = 4 Jahre zu 5% von x = 20% von x = 0,2 x
Kursgewinn = Gesamtertrag ./. Dividenden = 0,2 x – 20
x = Verkaufskurs ./. Kursgewinn ⇔ x = 340 – 0,2 x + 20 ⇔ 1,2 x = 360
⇔ x = 300

4.53

	Gesellschaft A	Gesellschaft B	Gesellschaft C	Gesellschaft D
Eigenkapital gemäss Bilanz	100	1000	2000	2500
Börsenkapitalisierung	200	4000	6000	2000
Anzahl Aktien	100	200	500	1000
Börsenkurs je Aktie	2	20	12	2
Gewinn	10	80	300	200
Gewinn je Aktie	0,1	0,4	0,6	0,2
Ausschüttungsquote	40%	60%	20%	40%
Rentabilität des Eigenkapitals	10%	8%	15%	8%
Gewinnrendite	5%	2%	5%	10%
Dividendenrendite	2%	1,2%	1%	4%
KGV (P/E)	20	50	20	10
Jährliches Gewinnwachstum	20%	50%	10%	2%
KGV/Wachstums-Verhältnis (PEG ratio)	1	1	2	5
Kurs/Buchwert-Verhältnis	2	4	3	0,8

a) Die Eigenkapitalrendite muss generell deutlich über dem Zinsfuss für das Fremdkapital liegen, weil die Eigentümer ein höheres Risiko tragen als die Gläubiger.

Je nach Land und Branche wird zum Fremdkapitalkostensatz eine Eigenkapital-Risikoprämie von etwa 4 bis 6% dazugeschlagen. Daraus ergibt sich, dass Eigenkapitalrenditen von 8 bis 12% als gut betrachtet werden können.[1]

b) Das KGV von Gesellschaft B gilt grundsätzlich als hoch. Allerdings ist auch das erwartete jährliche Gewinnwachstum sehr hoch, weshalb die Bewertung dieser Aktie durchaus vernünftig ist, was im guten Wert der PEG ratio von 1 zum Ausdruck kommt.

c) Nachteil: Für einen einkommensorientierten Aktionär bedeutet die tiefe Ausschüttungsquote von Gesellschaft C eine geringe Dividendenrendite.

Vorteil: Mit einer tiefen Ausschüttungsquote steigt die Selbstfinanzierungskraft des Unternehmens. Weil die Gewinne in der Gesellschaft reinvestiert werden, erhöht sich ihr Wachstumspotenzial, ohne dass sie die Kapitalmärkte beanspruchen muss. Der Aktionär partizipiert am Wachstum der Gesellschaft in Form von höheren Aktienkursen, was im Vergleich zu Dividenden ausserdem zu steuerlichen Vorteilen führen kann.

d) Für den Kauf der Aktien von Gesellschaft D sprechen die relativ hohe Dividendenrendite und das eher tiefe KGV.

Gegen den Kauf sprechen die geringen Wachstumschancen, die vor allem in der sehr hohen PEG ratio zum Ausdruck kommen. Auch das tiefe Kurs/Buchwert-Verhältnis zeigt eine gewisse Skepsis der Investoren gegenüber dem Kauf dieser Aktien. Der Kauf der D-Aktien drängt sich vorläufig nicht auf.

[1] In der Schweiz liegt der Zinsfuss für langfristige, sichere Anlagen im Durchschnitt über die Jahre bei 4 bis 5%. Ein allgemeiner Risikozuschlag für das Eigenkapital von etwa 5% wird in der Schweiz als angemessen betrachtet.

4.54

a)	Das ist grundsätzlich ein sehr hohes KGV (entspricht einer Gewinnrendite von nur 1,25%), was allerdings bei Gesellschaften des TMT-Bereichs (Telecommunication, Media, Technology) ein häufig anzutreffender Wert ist, weil die Wachstumschancen gross sind. Für eine Beurteilung wäre die PEG ratio hilfreich.
b)	Aktien mit einer PEG ratio unter 1 sind meistens sehr attraktiv, weil das KGV tief ist und/oder die Gewinnwachstumschancen hoch. Vielleicht eine Trouvaille.
c)	Eine tiefe Ausschüttungsquote erhöht die Selbstfinanzierungskraft und damit das Wachstumspotenzial der Gesellschaft. Der Aktionär partizipiert am künftigen Erfolg der Gesellschaft in Form höherer Aktienkurse.
d)	Für viele Branchen wäre eine Eigenkapitalrendite von 16% ein Traumwert. In Anbetracht des sehr hohen Risikos im Biotechnologiesektor ist dieser Kennzahlenwert aber eher ungenügend.[1] Offenbar bestehen auf Seite der Investoren hohe Erwartungen an das künftige Wachstum dieser Gesellschaft, was sich im hohen Kurs/Buchwert-Verhältnis von 8 niederschlägt. Dementsprechend resultiert eine bescheidene Gewinnrendite von 2% (oder ein hohes KGV von 50). Es handelt sich um einen Titel mit grossen Chancen und ebenso hohen Risiken.
e)	Dies kann eine gute Alternative zur Anlage in Obligationen sein, die zurzeit (2003 und 2004) eine wesentlich geringere Rendite aufweisen. Bei der Beurteilung des Risikos muss die betreffende Bergbahn allerdings genauer betrachtet werden (z. B. hinsichtlich Schneesicherheit, unterlassener Grossrevisionen oder geplanter Konkurrenzbetriebe).

4.55

Rendite	Die Chance auf eine hohe Rendite ist gross, beträgt doch allein die Dividendenrendite schon 20% (0,4 : 2). Ausserdem sind noch Kursgewinne in Aussicht gestellt worden.
Sicherheit	Leider ist das Risiko des Kapitalverlusts ebenfalls sehr hoch. Es besteht der klassische Zielkonflikt zur Rendite: Es ist grundsätzlich nicht möglich, ohne Risiko eine hohe Rendite zu erzielen.
Liquidität	Da die Aktien nicht börsenkotiert sind, lassen sie sich nicht ohne weiteres verkaufen.

1 Der Weg von einer chemischen Substanz zu einem Arzneimittel ist sehr lang und risikoreich: Von anfänglich 10 000 Substanzen bleibt nach durchschnittlich 12 Jahren Forschungsarbeit nur ein einziger Wirkstoff übrig.

Cashflow-Analyse

5.01

Cashflow/Investitions-Verhältnis	$\frac{\text{Cashflow}}{\text{Nettoinvestitionen}}$	$\frac{20}{15}$	**133%**
Cash flow/investment ratio	$\frac{\text{Cash flow}}{\text{Net investments}}$		
Gewinn/Cashflow-Verhältnis	$\frac{\text{Gewinn}}{\text{Cashflow}}$	$\frac{16}{20}$	**80%**
Net income/cash flow ratio	$\frac{\text{Net income}}{\text{Cash flow}}$		
Verschuldungsfaktor	$\frac{\text{Effektivverschuldung}^{1}}{\text{Cashflow}}$	$\frac{50}{20}$	**2,5**
Debt coverage factor	$\frac{\text{Liabilities ./. cash ./. accounts receivable}}{\text{Cash flow}}$		
Zinsdeckungsfaktor	$\frac{\text{Cashflow vor Zinsen}}{\text{Zinsen}}$	$\frac{20 + 3}{3}$	**7,7**
Interest coverage factor	$\frac{\text{Cash flow + interest}}{\text{Interest}}$		
Cashflow-Marge	$\frac{\text{Cashflow}}{\text{Umsatz}}$	$\frac{20}{500}$	**4%**
Cash flow margin (Cash flow to sales)	$\frac{\text{Cash flow}}{\text{Sales}}$		

[1] Die Effektivverschuldung am Jahresende wird wie folgt ermittelt:

	Fremdkapital (kurz- und langfristig)	71
./.	Flüssige Mittel	– 7
./.	Kurzfristige Forderungen	– 14
=	Effektivverschuldung	50

5.02

a)

	20_1	20_2	20_3
Effektivverschuldung	200	245	360
Cashflow	50	35	30
Verschuldungsfaktor	**4**	**7**	**12**

b) Der Verschuldungsfaktor gibt an, wievielmal (wie viele Jahre lang) der letzte Cashflow erarbeitet werden müsste, bis die Effektivverschuldung abbezahlt wäre. Je tiefer der Verschuldungsfaktor ist, desto mehr Sicherheit besteht für die Gläubiger.

Die Aussagekraft des Verschuldungsfaktors als **Kennzahl zur Überwachung der Zahlungsfähigkeit** ist vor allem in Zeitreihen-Vergleichen sehr gross, weil bei wachsender Gefährdung des Unternehmens normalerweise der Zähler (die Effektivverschuldung) steigt und gleichzeitig der Nenner (der Cashflow) sinkt. Damit entsteht eine Art Hebelwirkung, und die ungünstige finanzielle Entwicklung wird besonders hervorgehoben.

Im Zahlenbeispiel steigt die Effektivverschuldung um 80% (von 200 auf 360), was für sich allein schon auffällig ist. Der Cashflow nimmt um 40% ab (von 50 auf 30), was ebenfalls gewichtig ist. Aber besonders ins Auge fällt der Verschuldungsfaktor, der sich in dieser Periode verdreifacht, d. h., er nimmt um 200% zu (von 4 auf 12).

5.03

a) **Cashflow indirekt**

Gewinn	16
+ Abschreibungen	22
./. Debitorenzunahmen	– 10
./. Vorratszunahmen	– 2
./. Kreditorenabnahmen	– 6
= Cashflow	20

b) Als Vorteil der «Praktikerformel» kann die Einfachheit angeführt werden. Je nach Branche und wirtschaftlicher Situation kann sie durchaus zu brauchbaren Ergebnissen führen, zum Beispiel bei sehr anlageintensiven Betrieben (Kraftwerk, Flughafen, Hotel, Transportunternehmen), wo die Veränderungen im operativen NUV wie Debitoren, Vorräte oder Kreditoren nicht ins Gewicht fallen.

Im Zahlenbeispiel dieser Aufgabe allerdings ergäbe der Cashflow nach der «Praktikerformel» ermittelt 38, was im Vergleich zum korrekt ermittelten Wert von 20 fast doppelt so hoch ist. Es ist deshalb angezeigt, den Cashflow richtig unter Berücksichtigung der Veränderungen im operativen NUV zu berechnen.

c)

Tilgungsfaktor	$\frac{\text{Nettofinanzschulden}^{1}}{\text{Cashflow}}$	$\frac{48}{20}$	**2,4**

Der Tilgungsfaktor ist einfacher zu berechnen, weil er nur die Finanzschulden und die flüssigen Mittel berücksichtigt und die operativen Positionen wie Debitoren, Kreditoren und anderen kurzfristigen Schulden nicht einbezieht. Die Aussage des Tilgungsfaktors ist ähnlich wie diejenige des Verschuldungsfaktors, sofern die operativen Guthaben in etwa den operativen Schulden entsprechen. Hingegen besteht beim Tilgungsfaktor ein direkterer Bezug zu der vom Kreditgeber zu überwachenden Fähigkeit des Schuldners, die Finanzschulden tilgen zu können, weshalb sich der Tilgungsfaktor im Rahmen von Kreditverträgen zunehmender Beliebtheit erfreut.

d) Dieses Vorgehen ist zwar theoretisch nicht korrekt, aber sehr praktisch, weil EBITDA ohne besondere Berechnungen sofort aus der Erfolgsrechnung sichtbar ist. Bei der Verwendung von EBITDA werden ähnliche Überlegungen angestellt wie bei der «Praktikerformel» zur Ermittlung des Cashflows.

Allerdings werden dabei auch ähnliche Fehler begangen: EBITDA unterscheidet sich in den meisten Fällen klar vom richtig ermittelten Cashflow. Anhand der Zahlen von Aufgabe 5.01 können die erheblichen Differenzen sichtbar gemacht werden:

	EBITDA		50
./.	Zinsausgaben		– 3
./.	Steuerausgaben		– 9
./.	Debitorenzunahmen		– 10
./.	Vorratszunahmen		– 2
./.	Kreditorenabnahmen		– 6
=	Cashflow		20

Es wäre besser, den richtig ermittelten operativen Cashflow, wie er in der Geldflussrechnung ausgewiesen wird, als Divisor zu verwenden.

[1] Die Nettofinanzschulden am Jahresende sind wie folgt zu ermitteln:

	Finanzielles Fremdkapital		55
./.	Flüssige Mittel		– 7
=	Nettofinanzschulden		48

5.04

Der Verschuldungsfaktor ist negativ, wenn entweder der Zähler (die Effektivverschuldung) oder der Nenner (der Cashflow) negativ ist.

Positiver Fall	Negativer Fall
Die Effektivverschuldung ist negativ.	**Der Cashflow ist negativ (= Cashdrain).**
Bei diesem Pharmakonzern sind die flüssigen Mittel und die Forderungen zusammen grösser als das Fremdkapital, sodass eine negative Effektivverschuldung vorliegt. Gleichzeitig ist der Cashflow positiv. In diesem Fall ist der negative Verschuldungsfaktor ein positives Zeichen für eine gesunde Finanzierung, eine hohe Liquidität und damit eine sehr grosse Sicherheit.	Sofern der Verschuldungsfaktor negativ ist, weil ein Cashdrain vorliegt, ist das Unternehmen ernsthaft gefährdet und dieser Kennzahlenwert bedeutet zum Beispiel für die Kredit gebende Bank höchste Alarmstufe.

5.05

Effektivverschuldung

	Kurzfristiges Fremdkapital	90
+	Langfristiges Fremdkapital	290
=	Fremdkapital	380
./.	Flüssige Mittel	– 30
./.	Kurzfristige Forderungen	– 50
=	Effektivverschuldung	300

Cashflow

	Gewinn	60
+	Abschreibungen	19
+	Bildung Rückstellungen	2
./.	Zunahme kurzfristige Forderungen	– 20
+	Warenvorratsabnahme	15
+	Kreditorenzunahme	24
=	Cashflow	100

a) und b)

Verschuldungsfaktor	$\frac{\text{Effektivverschuldung}}{\text{Cashflow}}$	$\frac{300}{100}$	**3,0**

c) Der Default tritt nicht ein, da der ausgewiesene Verschuldungsfaktor mit 3,0 besser ist als die im Kreditvertrag geforderten 5,0.

5.06

a) Das zu verzinsende Kapital beträgt 200 (Fremdkapital 300 ./. Kreditoren 100). Demzufolge hat Gesellschaft A Zinsausgaben von 12 (6% von 200) und Gesellschaft B nur von 8 (4% von 200). Die um 4 geringeren Zinsausgaben von B bewirken einen um 4 höheren Cashflow.

b)

	Gesellschaft A	Gesellschaft B
Verschuldungsfaktor	(300 – 10 – 50) : 60 = 240 : 60 = **4**	(300 – 10 – 50) : 64 = 240 : 64 = **3,75**
Zinsdeckungsfaktor	(60 + 12) : 12 = 72 : 12 = **6**	(64 + 8) : 8 = 72 : 8 = **9**

c) Der **Verschuldungsfaktor** ist bei beiden Gesellschaften ähnlich gut, d.h. beide Gesellschaften verfügen über ein vergleichbares Entschuldungspotenzial. Der geringfügig bessere Kennzahlenwert bei B ist die Folge des höheren Cashflows, der aus der kleineren Zinszahlung resultiert.

Wie das Zahlenbeispiel zeigt, bringt der Verschuldungsfaktor ungenügend zum Ausdruck, dass nicht nur die absolute Höhe einer Schuld massgeblich ist, sondern auch deren Zinslast. Der **Zinsdeckungsfaktor** berücksichtigt die durch den Zinsendienst verursachten Belastungen besser; die günstiger finanzierte Gesellschaft B weist einen um 50% besseren Kennzahlenwert aus.

5.07

Grundsätzlich geht es in dieser Aufgabe primär um das Cashflow/Investitions-Verhältnis. Sekundär ist der Abschreibungs- bzw. Gewinnanteil am Cashflow zu untersuchen.

- **Gesellschaft Alpha** weist relativ betrachtet ein Cashflow/Investitions-Verhältnis von nur 80% aus; absolut entspricht dies einem negativen Free Cashflow von CHF 20 Mio. Die finanzielle Situation muss grundsätzlich als unbefriedigend betrachtet werden, weil ein Unternehmen mittel- bis langfristig in der Lage sein muss, mehr Cashflow zu erwirtschaften, als für die Investition verbraucht wird.
- **Gesellschaft Beta** weist wie Alpha ein Cashflow/Investitions-Verhältnis von nur 80% aus. Die finanzielle Situation ist aber bedeutend schlechter: Erstens erlitt sie einen Verlust von CHF 20 Mio. Zweitens tätigte sie grundsätzlich nur Ersatz-Investitionen, keine Erweiterungsinvestitionen. Und drittens konnte sie nicht einmal die Ersatz-Investitionen aus der Betriebstätigkeit bezahlen. (Hinweis: aus dem Umstand, dass die Abschreibungen gleich hoch waren wie die Investitionen, lässt sich schliessen, dass per saldo nur Ersatz-Investitionen vorgenommen wurden.)
- **Gesellschaft Gamma** weist ein Cashflow/Investitions-Verhältnis von 120% bzw. einen Free Cashflow von CHF 20 Mio. aus, was als positiv zu bewerten ist. Im Vergleich mit Gesellschaft Delta fällt allerdings der hohe Abschreibungsanteil am Cashflow negativ ins Gewicht.
- **Gesellschaft Delta** ist finanziell insgesamt die beste der vier Unternehmungen: Das Cashflow/Investitions-Verhältnis beträgt wie bei Gamma 120%. Aber aufgrund des höheren Gewinnanteils am Cashflow konnte Delta in diesem Zeitraum mehr Erweiterungsinvestitionen tätigen, was Wachstum bedeutet und in der Zukunft zu steigenden Cashflows und Gewinnen führen wird.

5.08

Aufgabe	Buchungssätze	Eigenfinanzierungsgrad	Anlagedeckungsgrad 1	Liquiditätsgrad 2	Eigenkapitalrendite	Gesamtkapitalrendite	Verschuldungsfaktor	Zinsdeckungsfaktor
		40%	120%	100%	15%	8%	4	10
a)	Flüssige Mittel / Immobilien	0	**+**	+	**0**	0	**–**	0
b)	Fahrzeuge / Eigenkapital	+	**–**	0	**–**	–	**0**	0
c)	Hypotheken / Flüssige Mittel	+	**0**	–	**0**	+	**0**	0
d)	Zinsaufwand / Flüssige Mittel	N/A	N/A	–	N/A	N/A	**+**	–
e)	Abschreibungen / Maschinen	N/A	N/A	0	N/A	N/A	**0**	0

5.09

a)	Fremdfinanzierungsgrad	= 100% – Eigenfinanzierungsgrad = 100% – 40% = **60%**
b)	Gesamtkapitalrendite	= EBIT : Gesamtkapital = (4 + 5) : 100 = **9%**
c)	Anlageintensität	= Anlagevermögen : Gesamtvermögen = 70 : 100 = **70%**
d)	Liquiditätsgrad 2	= (Flüssige Mittel + Forderungen) : kurzfristiges Fremdkapital = 12 : 20 = **60%**
e)	Anlagedeckungsgrad 2	= (Eigenkapital + langfristiges Fremdkapital) : Anlagevermögen = (40 + 40) : 70 = **114,3%**
f)	Verschuldungsfaktor	= Effektivverschuldung : Cashflow = (60 – 12) : 12 = **4**
g)	Zinsdeckungsfaktor	= (Cashflow + Zinsen) : Zinsen = (12 + 5) : 5 = **3,4**

5.10

a) 50%

b) 125%

Wenn das Eigenkapital zum Beispiel mit 50 eingesetzt wird, beträgt die Bilanzsumme 100. Das Anlagevermögen ist 40%, d. h. 40. Die Anlageintensität beträgt 50 : 40 = 125%.

c) 6

Da das Fremdkapital, die flüssigen Mittel und die kurzfristigen Forderungen je um 20% zugenommen haben, hat sich auch die Effektivverschuldung um 20% erhöht; sie beträgt jetzt 120% des früheren Betrags.

Der Cashflow beträgt nur noch einen Fünftel des früheren Werts, das sind 20%.

Der Verschuldungsfaktor ergibt sich aus der Division von 120% durch 20% = 6.

d) In wirtschaftlich schlechten Zeiten steigt der Zähler der Formel (die Effektivverschuldung), und der Nenner (der Cashflow) sinkt, sodass der Quotient (der Verschuldungsfaktor) überproportional steigt.

5.11

Alle fünf Betriebe verfügen jeweils über einen Cashflow und einen Free Cashflow in derselben Höhe.

Grundsätzlich ist bei allen Betrieben positiv, dass der Cashflow die Investitionen übersteigt, weshalb überall ein Free Cashflow resultiert, sodass alle über ein Gewinnausschüttungs- und Schuldentilgungs-Potenzial verfügen.

Allerdings unterscheiden sich die Cashflows in ihrer Zusammensetzung, was zu folgenden vereinfachenden Kurzkommentaren bzw. Qualitätsurteilen führt:

Betrieb	Kurzkommentar	Qualitätsurteil
A	Das ist ein dynamisch wachsender Betrieb, weshalb die Debitoren, Vorräte und Kreditoren steigen. Der Gewinnanteil am Cashflow ist sehr hoch. Die Abschreibungen sind gering, sodass ein grosser Teil des Cashflows für Erweiterungsinvestitionen zur Verfügung steht.	Sehr gut
B	Der Gewinnanteil am Cashflow ist gering. Die Gewinnausschüttung übersteigt den Gewinn. Die Investitionen entsprechen in der Höhe den getätigten Abschreibungen, was grundsätzlich bedeutet, dass das Unternehmen nicht wächst, sondern nur die abgeschriebenen Anlagen ersetzt.	Ungenügend
C	Für eine gute Qualität spricht, dass der Gewinnanteil recht hoch und der Abschreibungsanteil tief ist. Ein grosser Qualitätsnachteil ist der wahrscheinlich nicht wiederholbare Einmaleffekt der Debitorenverminderung von 29. (Die näheren Umstände des Debitorenabbaus sind nicht bekannt.)	Ziemlich gut
D	Der Gewinnanteil ist tief. Die Gewinnausschüttung übersteigt den Gewinn. Der Cashflow ist vor allem dank der Zunahme der Lieferantenkredite entstanden, die zu einer Verschlechterung der künftigen Liquiditätssituation sowie der Bonität führt. Bedenklich ist auch, dass die Lieferantenkredite im Prinzip teilweise zur Finanzierung der Dividenden herangezogen wurden.	Ungenügend
E	Der Gewinnanteil ist in Ordnung. Allerdings konnte die Höhe des Cashflows nur dank einem wahrscheinlich einmaligen Lagerabbau erzielt werden. (Die Gründe für die Verminderung des Lagers sind nicht bekannt.)	Genügend

5.12

a)

Kennzahl	Berechnung	Resultat	Financial covenants	
			Eingehalten	Nicht eingehalten
Eigen-finanzierungsgrad	$\frac{90}{200}$	**45%**	**X**	
Liquiditätsgrad 2	$\frac{50}{40}$	**125%**	**X**	
Verschuldungsfaktor	$\frac{60}{20}$	**3**	**X**	
Zinsdeckungsfaktor	$\frac{24}{4}$	**6**		**X**

b) Der Kredit wird grundsätzlich zur sofortigen Rückzahlung fällig. In der Praxis wird der Kredit oft zu veränderten Kreditkonditionen verlängert (mit höherem Zinsfuss, dem gestiegenen Risiko für den Kreditgeber entsprechend).

5.13

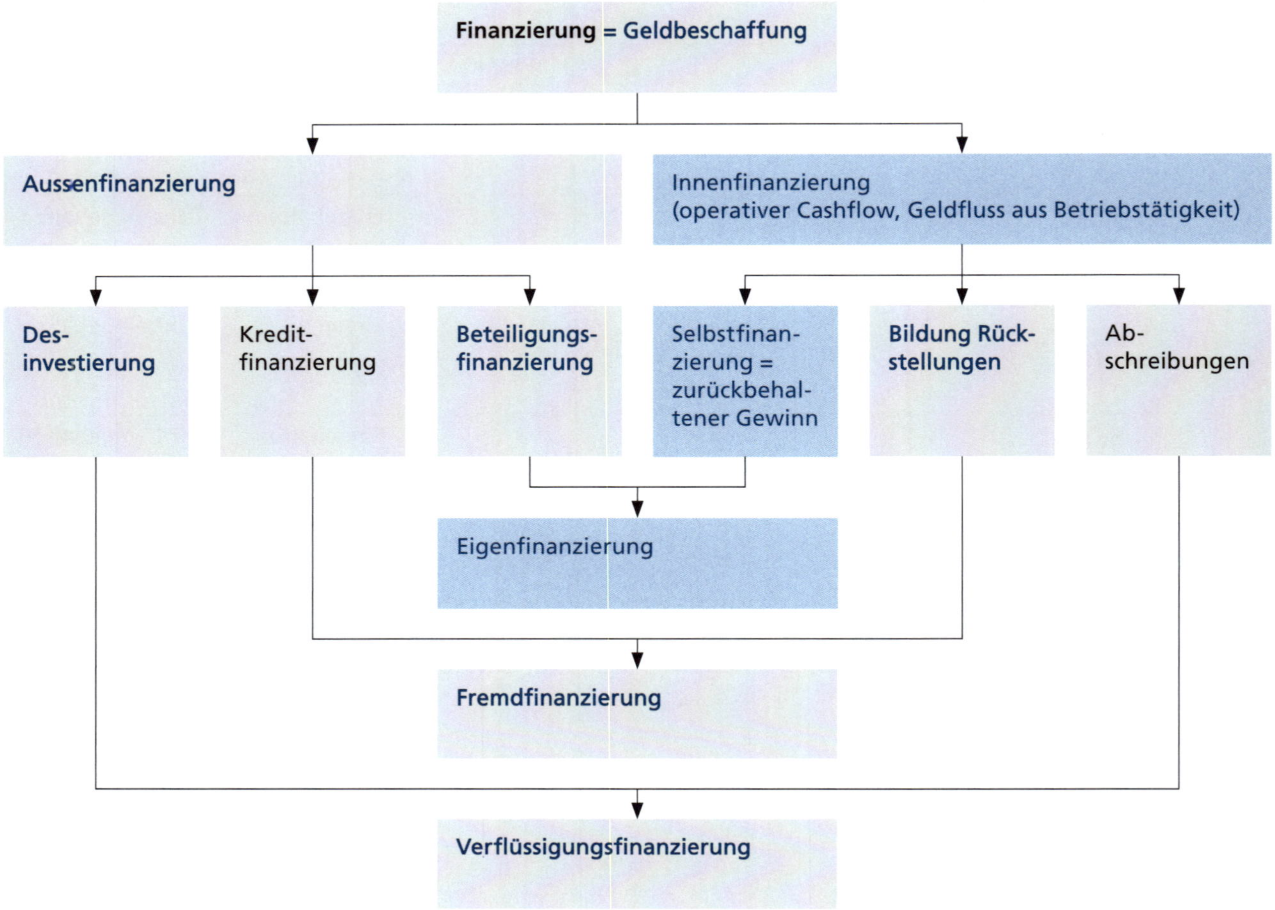
Finanzierung = Geldbeschaffung
Aussenfinanzierung
Innenfinanzierung (operativer Cashflow, Geldfluss aus Betriebstätigkeit)
Des-investierung
Kredit-finanzierung
Beteiligungs-finanzierung
Selbstfinan-zierung = zurückbehal-tener Gewinn
Bildung Rück-stellungen
Ab-schreibungen
Eigenfinanzierung
Fremdfinanzierung
Verflüssigungsfinanzierung

5.14

a) 2260 + 10 = **2270,** b) 1270 – 1070 = **200**

c)

Kennzahl	Kennzahlenwert	Kurzkommentar
Cashflow/ Investitions-Verhältnis	4390 : 3780 = **116%**	**Der Kennzahlenwert ist in Ordnung, denn die Unternehmung kann ihre Investitionen aus dem Umsatz bezahlen, ohne Aufnahme von verzinslichem und rückzahlbarem Fremdkapital bzw. dividendenberechtigtem Eigenkapital.**[1]
Gewinn/ Cashflow-Verhältnis	1640 : 4390 = **37%**	**Der Wert ist eher tief. Dies bedeutet, dass aus der Geschäftstätigkeit wenig Potenzial für Wachstum (Erweiterungsinvestitionen), Gewinnausschüttungen und Schuldentilgungen geschaffen wurde.**[2]
Cash flow adequacy ratio	4390 : (3780 + 1150 + 750) = 4390 : 5680 = **77%**	**Dieser Wert ist ungenügend. Im Vergleich zum Cashflow/Investitions-Verhältnis fallen hier zusätzlich die Gewinnausschüttungen und die hohen Kapitalrückzahlungen negativ ins Gewicht.**[3]
Verschuldungsfaktor Ende 20_4[1]	(8900 – 2000 – 900) : (4390 : 4) = 6000 : 1097,5 = **5,5**	**Der Verschuldungsfaktor ist nicht besonders gut, aber genügend.**[4]
Zinsdeckungsfaktor	(4390 + 1180) : 1180 = **4,7**	**Der Zinsdeckungsfaktor ist ebenfalls genügend, aber auch nicht besonders hoch.**
Cashflow-Marge	4390 : 68000 = **6,5%**	**Ohne Vergleichsmassstab (Benchmark) und genaue Kenntnisse der Branche innerhalb des Handelssektors lässt sich nicht zuverlässig beurteilen, ob die Marge gut oder schlecht ist.**[5]

[1] Zu prüfen ist, ob das Jahr 20_4 ein einmaliger Ausreisser ist, oder ob in Zukunft mit einem rückläufigem Cashflow/Investitions-Verhältnis zu rechnen ist. Diese Information kann dem Geschäftsbericht nicht entnommen werden und bleibt dem externen Bilanzleser verborgen; internen Personen gibt die Finanzplanung Aufschluss.

[2] Handelsbetriebe sind eher wenig anlageintensiv. Dementsprechend müsste der Abschreibungsanteil am Cashflow geringer sein als in diesem Unternehmen:

Abschreibungs-/ Cashflow-Verhältnis	$\frac{\text{Abschreibungen}}{\text{Cashflow}}$	$\frac{3\,090}{4\,390}$	**70%**

Dieses hohe Abschreibungs-/Cashflow-Verhältnis bedeutet, dass 70% des Cashflows für Ersatz-Investitionen benötigt werden (und nicht für Erweiterungsinvestitionen, Gewinnausschüttungen und Schuldentilgungen zur Verfügung stehen).

[3] Weder die Gewinnausschüttung noch die Kapitalrückzahlungen können vollständig aus dem Free Cashflow bezahlt werden.

[4] Entweder ist der Cashflow zu gering (siehe Cash flow adequacy ratio) oder die Verschuldung etwas hoch bzw. die Eigenkapitalbasis zu schwach (was sich aber nur aus der – hier nicht zur Verfügung stehenden – Bilanz beantworten lässt).

Die zeitliche Entwicklung dieser Kennzahl über die vier Jahre bringt hier nicht viel, da der Cashflow bei relativ konstanter Effektivverschuldung stark schwankt.

[5] Immerhin ist durch das Cashflow/Investitions-Verhältnis bekannt, dass der Cashflow zwar ausreicht, um die Investitionen zu zahlen. Die Cash flow adequacy ratio zeigt aber, dass die Gewinnausschüttung und die Kapitalrückzahlung nur zum Teil aus dem Cashflow finanziert werden können. Verschiedene Szenarien sind denkbar:

- Die Cashflow-Marge muss gesteigert werden. Mit einer Cashflow-Marge von 8,3% könnte eine Cash flow adequacy ratio von 100% erreicht werden.
- Die Verschuldung ist abzubauen, und die Eigenkapitalbasis muss verstärkt werden.
- Die Gewinnausschüttung muss vermindert werden.

5.15

a)

Kennzahl mit Limite	Berechnung	Kommentar
Eigenfinanzierungsgrad 25%	Eigenkapital : Gesamtkapital 600 : 2000 = **30%**	Limite eingehalten.
Free Cashflow/ Nettofinanzschulden 10%	(EBITDA ./. Nettoinvestition) : Nettofinanzschulden (240 – 120) : (1200 – 50) = **10,4%**	Limite knapp eingehalten.
Tilgungsfaktor 6	Nettofinanzschulden : EBITDA (1200 – 50) : 240 = **4,8**	Limite eingehalten.
Zinsdeckungsfaktor 4	EBITDA : Zinsen 240 : 65 = **3,7**	Limite nicht eingehalten. Default tritt ein (Bank kann Kredit fällig erklären).

b) Der Kredit ist fällig und muss im Prinzip zurückbezahlt werden. In der Praxis läuft der Kredit meist weiter, aber die Kreditkonditionen werden neu verhandelt (mit höherem Zinsfuss, entsprechend dem gestiegenen Risiko für den Kreditgeber).

c) Argumente gegen die gewählte Lösung:

- Grundsätzlich ist es falsch, EBITDA anstelle von Cashflow EBITDA zu verwenden (hier wird EBITDA sogar für Cashflow und für Cashflow vor Zinsen verwendet).
- EBITDA unterscheidet sich vom Cashflow durch Zinszahlungen, Steuerzahlungen sowie Veränderungen im operativen NUV. Die Unterschiede können – wie in Lösung 5.03 d) dargelegt – recht beträchtlich sein.

Argumente für die gewählte Lösung:

- EBITDA ist für einen Flughafen eine wichtige Zielgrösse in der operativen Führung. Da kann es zweckmässig sein, die Verschuldung und die Zinslast mit dieser Grösse zu verknüpfen. Ausserdem ist EBITDA direkt aus der Erfolgsrechnung abzulesen, was die Überwachung durch die Bank vereinfacht.
- Ein Flughafen ist sehr anlageintensiv, sodass die Veränderungen im operativen NUV meist nur geringfügig sind, sodass EBITDA sehr nahe beim Cashflow vor Zinsen liegt, sodass sich die vorliegende Berechnung des Zinsdeckungsfaktors rechtfertigen lässt. Allerdings sollte man EBITDA für die Berechnung des Tilgungsfaktors noch um den Zinsabzug bereinigen.

5.16

	Kennzahl	Berechnung	Kurzbeurteilung
a)	Cashflow/Investitions-Verhältnis	X 100 : 150 = **67%**	Der Kennzahlenwert von X ist ungenügend. X benötigt zur Bezahlung der Investitionen Aussenfinanzierung (Kredite oder Kapitaleinlagen der Eigentümer).
		Y 150 : 100 = **150%**	Der Kennzahlenwert ist bei Y wesentlich besser. Y kann die Investitionen aus dem Umsatz bezahlen (Innenfinanzierung). Y verfügt über einen Free Cashflow.
b)	Verschuldungsfaktor	X (300 – 50) : 100 = **2,5**	Der Kennzahlenwert von X ist gut.
		Y (250 – 50) : 150 = **1,3**	Allerdings ist Y noch besser.
c)	Zinsdeckungsfaktor	X (100 + 20) : 20 = **6**	Der Kennzahlenwert von X ist gut.
		Y (150 + 10) : 10 = **16**	Allerdings ist Y noch wesentlich besser.
d)	Gewinn/Cashflow-Verhältnis	X 0 : 100 = **0%**	Der Kennzahlenwert von X ist schlecht, weil gar kein Gewinn erzielt wird und der erwirtschaftete Cashflow vollumfänglich für Ersatz-Investitionen verwendet werden muss.
		Y 100 : 150 = **67%**	Der Kennzahlenwert von Y ist gut, da der Gewinnanteil am Cashflow zur freien Verfügung steht (für Gewinnausschüttungen, Erweiterungsinvestitionen oder Schuldentilgungen).

5.17

Nr.	Aussage	Richtig	Begründung
1	Durch einen höheren Cashflow sinkt der Verschuldungsfaktor.	X	
2	In der Praxis wird bei der Berechnung von Eigen- und Gesamtkapitalrenditen manchmal vereinfachend EBITDA verwendet.		EBITDA wird in der Praxis manchmal für die Berechnung von Cashflow-bezogenen Kennzahlen (wie Tilgungsfaktor oder Zinsdeckungsfaktor) verwendet, aber nicht für Renditen.
3	Die Bezeichnung Selbstfinanzierung ist gleichbedeutend mit Cashflow.		Selbstfinanzierung ist zurückbehaltener Gewinn. Cashflow ist Innenfinanzierung, das heisst durch die operative Tätigkeit erwirtschaftete Liquidität.
4	In der DuPont-Pyramide lässt sich die Gesamtkapitalrendite in Cashflow-Marge mal Kapitalumschlag zerlegen.		Die Faktoren sind EBIT-Marge und Kapitalumschlag.
5	Ein hoher Abschreibungsanteil am Cashflow (indirekte Berechnung) ist vorteilhaft, da die Abschreibungen nicht liquiditätswirksamen Aufwand darstellen.		Ein hoher Gewinnanteil wäre vorteilhafter. Im Umfang der Abschreibungen müssen in der Regel Ersatz-Investitionen getätigt werden.
6	Ein Cashdrain kann nur bei einem Verlust entstehen.		Ein Cashdrain entsteht immer dann, wenn die operativen Einnahmen kleiner sind als die Ausgaben, unabhängig davon, ob ein Gewinn oder Verlust erzielt wird. (Die Wahrscheinlichkeit eines Cashdrains ist allerdings bei Verlusten höher als bei Gewinnen.)
7	Der Zinsdeckungsfaktor enthält den Cashflow im Zähler und im Nenner, weshalb eine Art Hebelwirkung entsteht.		Der Zinsdeckungsfaktor enthält den Zins im Zähler und im Nenner.
8	Die Cashflow-Marge ist höher als die EBIT-Marge.		Die Cashflow-Marge kann höher oder tiefer sein als die EBIT-Marge. Abgesehen von den unterschiedlichen Debitoren-, Vorrats- und Kreditorenveränderungen ist der Cashflow hauptsächlich um die Abschreibungen höher als EBIT und um die bezahlten Zinsen und Steuern kleiner. Und diese Unterschiede sind von Fall zu Fall verschieden.
9	Wenn der Cashflow –4 beträgt und die Zinsen 4, so beträgt der Zinsdeckungsfaktor 0.	X	
10	EBITDA unterscheidet sich gegenüber dem Cashflow hauptsächlich durch die Zinsen, Steuern sowie die Veränderungen der Debitoren, Vorräte und Kreditoren.	X	

5.18

Zu Beginn der abgebildeten Fünfjahresperiode erwirtschaftete das Unternehmen einen Free Cashflow von 20 (bei einem Cashflow/Investitions-Verhältnis von 140%).

In den Folgejahren hätten infolge steigender Investitionen auch höhere Cashflows erzielt werden müssen. Stattdessen war der Cashflow rückläufig, weil die Cashflow-Marge offensichtlich erodierte.

Am Ende der Fünfjahresperiode bestand eine Finanzierungslücke von 25 (das ist ein negativer Free Cashflow; bzw. das Cashflow/Investitions-Verhältnis beträgt nur noch 68%).

Die steigenden Finanzierungslücken mussten durch Aussenfinanzierung geschlossen werden, was von Nachteil ist, weil das zusätzlich aufgenommene Fremdkapital verzinslich ist bzw. die zusätzlichen Eigenkapitaleinlagen nach höheren Dividendenauszahlungen rufen. Die Aufnahme von Fremd- und Eigenkapital wirkt sich auch negativ auf die Gesamt- und die Eigenkapitalrenditen aus.

Die steigende Verschuldung führte zu einer wachsenden Zinsbelastung. Da gleichzeitig der Cashflow rückläufig war, verschlechtert sich der Zinsdeckungsfaktor von anfänglich 7,3 auf schlussendlich 5.

	20_1	20_2	20_3	20_4	20_5
Cashflow/Investitions-Verhältnis	70 : 50 = 140%	62 : 55 = 113%	54 : 62 = 87%	57 : 70 = 81%	52 : 77 = 68%
Zinsdeckungsfaktor	78 : 8 = 9,8	71 : 9 = 7,9	64 : 10 = 6,4	69 : 12 = 5,8	65 : 13 = 5,0

Zusammenfassend lässt sich eine schleichende Verschlechterung der Finanz- und Ertragslage feststellen. In den nächsten Jahren muss die Cashflow-Marge unbedingt verbessert werden, sonst ist der Fortbestand des Unternehmens gefährdet.

5.19

a)

Kennzahl	Berechnung	Resultat
Verschuldungsfaktor pro Bett	Effektivverschuldung pro Bett : Cashflow pro Bett = 91 271 : 9848	**9,3**
Bettenbelegung in %	Tagesumsatz pro Bett : Verkaufspreis pro Bett = (38 177 : 365) : 182 = 104,6 : 182	**57,5%**

b) Der Anteil der Fixkosten an den Gesamtkosten ist bei anlageintensiven Betrieben wie Hotels, Transportunternehmen oder Gas- und Wasserversorgung sehr bedeutend. Um diese Kosten zu decken, ist eine hohe Kapazitätsauslastung notwendig. Oder anders argumentiert: Eine steigende Kapazitätsauslastung führt zu sinkenden durchschnittlichen Stückkosten.

5.20

a)

Cash-burn-rate	$\frac{\text{Flüssige Mittel}}{\text{Cashdrain}}$	$\frac{300}{20}$	**15 Monate**

b) Dieses Unternehmen wird zahlungsunfähig sein, bevor ein Produkt auf den Markt gebracht werden kann. Mögliche Lösungen des Liquiditätsproblems sind:
   - Zuführung neuen Kapitals, zum Beispiel in Form von Venture Capital (Wagniskapital) durch eine Bank oder einen Private-Equity-Fonds.
   - Übernahme des Unternehmens durch eine andere (meist grosse, erfolgreiche) Gesellschaft.
   - Unter Umständen ist auch der Gang an die Börse möglich (so genanntes IPO, Initial Public Offering).

5.21

Erstens sind die Abbildungen aus wissenschaftlicher Sicht etwas problematisch (aber in der Praxis weit verbreitet), weil durch die Wahl des Massstabs auf der Franken-Achse das (durchaus vorhandene) Wachstum viel zu dynamisch dargestellt wird. Würden die Skalen bei 0 beginnen, ergäbe sich ein weit weniger spektakuläres Bild:

Umsatz

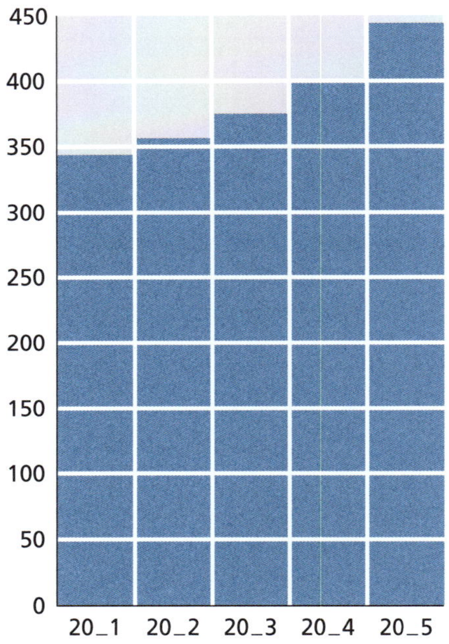

EBITDA

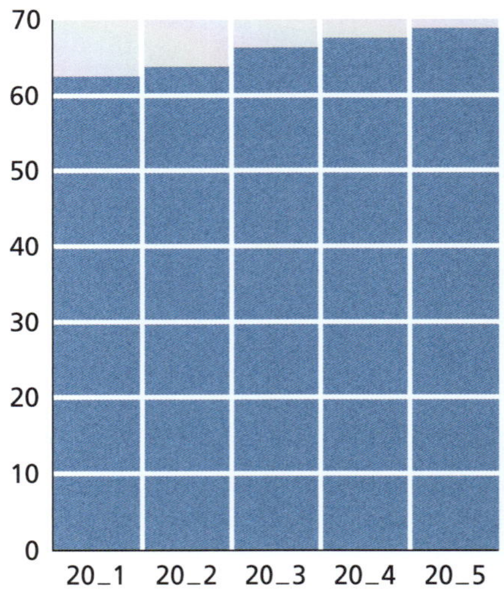

Zweitens zeigt sich bei relativer Betrachtung, dass das Umsatzwachstum zulasten der EBITDA-Marge erfolgte.

EBITDA-Marge

20_1	20_2	20_3	20_4	20_5
18,5%	17,8%	17,4%	17,0%	15,7%

Mögliche Gründe sind:

- Dem Umsatzwachstum und Erreichen eines bestimmten Marktanteils wurde mehr Bedeutung zugemessen als der Marge (und damit der Rentabilität).
- Durch den Konkurrenzdruck oder eine rückläufige Konjunktur musste ein Margenrückgang in Kauf genommen werden.

5.22

a)

Geldflussrechnung 20_1

Geldfluss aus Betriebstätigkeit		
Zahlungen von Kunden	950	
./. Zahlungen an Lieferanten	– 575	
./. Zahlungen ans Personal	– 250	
./. Zinszahlungen	– 15	
./. Zahlungen für diversen Aufwand	– 45	
= Cashflow		65
Geldfluss aus Investitionstätigkeit		
./. Kauf Einrichtungen	– 34	
./. Kauf Fahrzeug	– 29	
+ Verkauf Fahrzeug	5	
= Nettoinvestitionen		– 58
Geldfluss aus Finanzierungstätigkeit		
+ Aktienkapitalerhöhung	40	
+ Agio	24	
./. Rückzahlung Hypothek	– 60	
./. Dividendenausschüttung	– 32	
= Total Finanzierungsbereich		– 28
Abnahme flüssige Mittel		– 21

Erfolgsrechnung 20_1

Warenertrag	1 000
./. Warenaufwand	– 630
./. Personalaufwand	– 250
./. Zinsaufwand	– 15
./. Diverser Aufwand	– 45
./. Abschreibungen Einrichtungen	– 10
./. Abschreibungen Fahrzeuge	– 7
= Gewinn	43

Betriebstätigkeit (indirekt)

Gewinn	43
+ Abschreibungen Einrichtungen	10
+ Abschreibungen Fahrzeuge	7
+ Abnahme Vorräte	25
+ Zunahme Kreditoren	30
./. Zunahme Debitoren	– 50
= Cashflow	65

Schlussbilanz 31. 12. 20_1

Aktiven			Passiven		
Umlaufvermögen			**Fremdkapital**		
Flüssige Mittel	49		Kreditoren	200	
Debitoren	200		Hypotheken	220	420
Vorrat	135	384			
Anlagevermögen			**Eigenkapital**		
Einrichtungen	76		Aktienkapital	240	
Fahrzeuge	55		Kapitalreserven	24	
Immobilien	390	521	Gewinnreserven	221	485
		905			905

b)

Kennzahl	Formel	Berechnung
Free Cashflow	Cashflow ./. Nettoinvestitionen	65 – 58 = **7**
Cashflow/Investitions-Verhältnis	Cashflow : Nettoinvestitionen	65 : 58 = **112,1%**
Verschuldungsfaktor	Effektivverschuldung : Cashflow	(420 – 49 – 200) : 65 = 171 : 65 = **2,6**
Zinsdeckungsfaktor	Cashflow vor Zinsen : Zinsen	(65 + 15) : 15 = **5,3**
Cashflow-Marge	Cashflow : Umsatz	65 : 1 000 = **6,5%**

5.23

a)

Geldflussrechnung 20_1

Geldfluss aus Betriebstätigkeit			
	Zahlungen von Kunden	1 160	
./.	Zahlungen an Lieferanten	– 780	
./.	Personalausgaben	– 230	
./.	Diverser Baraufwand	– 49	
./.	Zinsausgaben	– 15	
./.	Steuerausgaben	– 11	75
Geldfluss aus Investitionstätigkeit			
	Kauf Einrichtungen	– 42	
./.	Kauf Fahrzeug	– 38	
+	Verkauf Fahrzeug	8	– 72
Geldfluss aus Finanzierungstätigkeit			
+	Aktienkapitalerhöhung zum Nominalwert	40	
./.	Dividendenauszahlung	– 34	6
=	**Zunahme flüssige Mittel**		**9**

Erfolgsrechnung 20_1

	Warenertrag	1 200
./.	Warenaufwand	– 830
./.	Personalaufwand (= Ausgaben)	– 230
./.	Diverser Baraufwand	– 49
./.	Abschreibungen Einrichtungen	– 12
./.	Abschreibungen Fahrzeuge	– 8
./.	Zinsaufwand (= Ausgaben)	– 15
./.	Steuern (= Ausgaben)	– 11
=	**Gewinn**	**45**

Betriebstätigkeit (indirekt)

	Gewinn	45
+	Abschreibungen Einrichtungen	12
+	Abschreibungen Fahrzeuge	8
+	Kreditorenzunahme	20
+	Vorratsabnahme	30
./.	Debitorenzunahme	– 40
=	**Cashflow**	**75**

Eröffnungsbilanz 1. 1. 20_1

Aktiven			Passiven		
Umlaufvermögen			**Fremdkapital**		
Flüssige Mittel	**30**		Kreditoren	180	
Debitoren	120		Bankdarlehen	300	480
Vorrat	130	**280**			
Anlagevermögen			**Eigenkapital**		
Einrichtungen	62		Aktienkapital	200	
Fahrzeuge	48		Kapitalreserven	10	
Immobilien	400	**510**	Gewinnreserven	100	310
		790			**790**

Schlussbilanz 31. 12. 20_1

Aktiven			Passiven		
Umlaufvermögen			**Fremdkapital**		
Flüssige Mittel	**39**		Kreditoren	**200**	
Debitoren	**160**		Bankdarlehen	**300**	**500**
Vorrat	100	**299**			
Anlagevermögen			**Eigenkapital**		
Einrichtungen	92		Aktienkapital	**240**	
Fahrzeuge	70		Kapitalreserven	10	
Immobilien	400	**562**	Gewinnreserven	111	**361**
		861			**861**

b)

Kennzahl	Berechnung	Kurzkommentar
Liquiditätsgrad 2	(39 + 160) : 200 = **99,5%**	Die allgemeine Norm von 100% wird knapp eingehalten.
Rentabilität des Eigenkapitals (ROE)	45 : 361 = **12,5%**	Unter normalen Risikoverhältnissen ist eine Eigenkapitalrendite von 10 bis 12% als gut zu betrachten. Die Combi AG liegt sogar leicht darüber.
Rentabilität des Gesamtkapitals (ROA)	(45 + 11 + 15) : 861 = 71 : 861 = **8,2%**	Die Gesamtkapitalrendite liegt zwischen dem Zinsfuss für das Fremdkapital und der Eigenkapitalrendite, was bei gesunden Unternehmen üblich ist.
Cashflow/Investitions-Verhältnis	75 : 72 = **104,2%**	Die Nettoinvestitionen sollen grundsätzlich aus dem operativen Cashflow bezahlt werden können, was hier der Fall ist. Absolut betrachtet entsteht ein Free Cashflow von 75 – 72 = 3[1].
Verschuldungsfaktor	(500 – 199) : 75 = **4,0**	Für die Kreditgeber bedeutet dieser tiefe Verschuldungsfaktor eine gewisse Sicherheit bezüglich der Fähigkeit der Combi AG, die finanziellen Schulden zurückzahlen zu können.
Zinsdeckungsfaktor	(75 + 15) : 15 = **6,0**	Dieser Wert ist gut. Er bedeutet, dass die Combi AG unter normalen Umständen in der Lage ist, ihre Zinsverpflichtungen erfüllen zu können.

c)

Kennzahl	Berechnung	Kurzkommentar
Rentabilität des Eigenkapitals	(45 – 2) : (361 – 40 – 2) = 43 : 319 = **13,5%**	Die Eigenkapitalrendite könnte durch den Fremdkapitaleinsatz gesteigert werden, da die Gesamtkapitalrendite über dem Zinsfuss für das Fremdkapital liegt (finanzieller Leverage).

[1] Allerdings müssten auch die Dividenden aus dem operativen Cashflow bezahlt werden können, was bei der Combi AG im Jahr 20_1 nicht der Fall ist. Die Geldflussrechnung zeigt, dass die durch die Aktienkapitalerhöhung zugeflossenen flüssigen Mittel zum grossen Teil durch die Dividendenauszahlung wieder abflossen.

Aktivitätsanalyse

6.01

Debitorenumschlag	$\frac{\text{(Kredit-)Warenertrag}}{\varnothing \text{ Debitorenbestand}}$	$\frac{900}{50}$	**18**
Accounts receivable turnover	$\frac{\text{Sales (on credit)}}{\text{Average receivables}}$		
Debitorenfrist(-dauer)	$\frac{\text{360 Tage}}{\text{Debitorenumschlag}}$	$\frac{360}{18}$	**20 Tage**
Collection period	$\frac{\text{360 days}}{\text{Receivables turnover}}$		
Lagerumschlag	$\frac{\text{Warenaufwand}}{\varnothing \text{ Warenvorrat}}$	$\frac{720}{80}$	**9**
Inventory turnover	$\frac{\text{Cost of goods sold}}{\text{Average inventory}}$		
Lagerdauer	$\frac{360}{\text{Lagerumschlag}}$	$\frac{360}{9}$	**40 Tage**
Duration of storage	$\frac{360}{\text{Inventory turnover}}$		
Kreditorenumschlag	$\frac{\text{(Kredit-)Wareneinkäufe}^{1}}{\varnothing \text{ Kreditorenbestand}}$	$\frac{734}{90}$	**8,2**
Accounts payable turnover	$\frac{\text{Purchase of goods (on credit)}}{\text{Average payables}}$		
Kreditorenfrist(-dauer)	$\frac{360}{\text{Kreditorenumschlag}}$	$\frac{360}{8{,}2}$	**44 Tage**
Payables period	$\frac{360}{\text{Payables turnover}}$		

[1] Die Wareneinkäufe unterscheiden sich gegenüber dem Warenaufwand durch die Vorratsveränderung:

Warenaufwand	720
+ Vorratszunahme	14
= **Wareneinkäufe**	**734**

Kapitalumschlag	$\frac{\text{Umsatz}}{\varnothing\ \text{Kapital}}$	$\frac{900}{300}$	**3**
Asset turnover	$\frac{\text{Sales}}{\text{Average assets}}$		
Umschlag des operativen Nettoumlaufvermögens (NUV)	$\frac{\text{Umsatz}}{\varnothing\ \text{operatives NUV}^{1}}$	$\frac{900}{40}$	**22,5**
Net working capital turnover	$\frac{\text{Sales}}{\text{Average net working capital}}$		

6.02

∅ Debitorendauer	$\frac{360\ \text{Tage}}{\text{Debitorenumschlag}}$	$\frac{360\ \text{Tage} \cdot 50}{450}$	**40 Tage**
∅ Lagerdauer	$\frac{360\ \text{Tage}}{\text{Lagerumschlag}}$	$\frac{360\ \text{Tage} \cdot 60}{360}$	**60 Tage**
∅ Kreditorendauer	$\frac{360\ \text{Tage}}{\text{Kreditorenumschlag}}$	$\frac{360\ \text{Tage} \cdot 46}{368}$	**45 Tage**

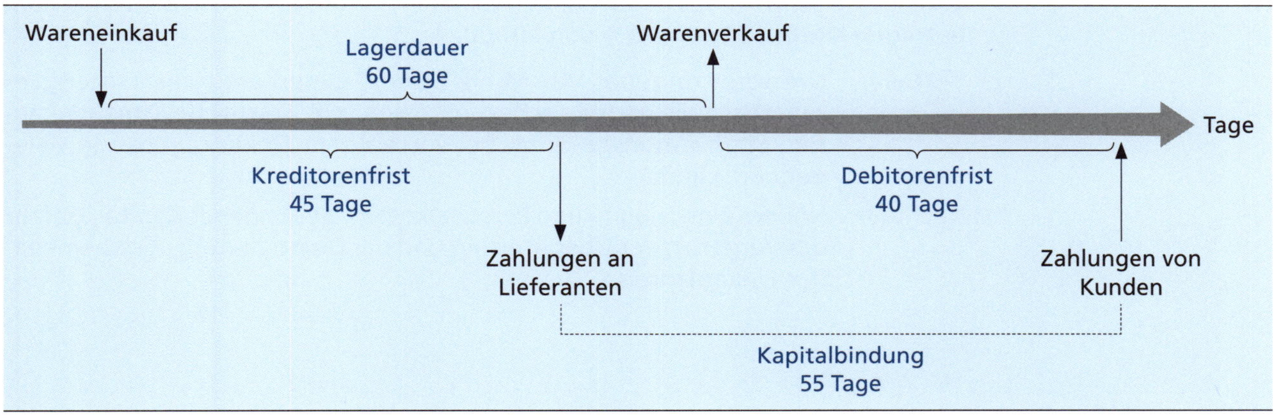

[1] Wenn alle finanziellen Positionen des Nettoumlaufvermögens (wie flüssige Mittel oder Bankschulden) eliminiert werden, entsteht das operative NUV. Im Beispiel lässt sich dieses wie folgt ermitteln:

Debitoren	50
+ Vorräte	80
./. Kreditoren	– 90
= **Operatives NUV**	**40**

6.03

Lagerumschlag	$\frac{\text{Warenaufwand}}{\varnothing\ \text{Lagerbestand}}$	$\frac{220 + 20}{30}$	8
Lagerdauer	$\frac{360}{\text{Lagerumschlag}}$	$\frac{360}{8}$	45 Tage

6.04

a)

	20_1	20_2	Branchenvergleich
Durchschnittlicher Lagerbestand	$\frac{90 + 90}{2} = 90$	$\frac{90 + 150}{2} = 120$	**80**
Durchschnittlicher Lagerumschlag	$\frac{900}{90} = 10$ x	$\frac{960}{120} = 8$ x	**$\frac{960}{80} = 12$ x**
Durchschnittliche Lagerdauer	$\frac{360}{10} = 36$ Tage	$\frac{360}{8} = 45$ Tage	**$\frac{360}{12} = 30$ Tage**

b) Bei gleichem Umsatz beträgt der durchschnittliche Lagerbestand in der Branche 80 000.– gegenüber 120 000.– bei dem eigenen Unternehmen. Die Mehrkosten betragen jährlich 6 000.– (15% von 40 000.–).

c) Vorteile: Grösseres Angebot (Auswahl), bessere Lieferbereitschaft, Mengenrabatte sowie geringere Bezugskosten (z. B. Fracht) bei Grosseinkäufen, Spekulationsgewinne bei vorzeitigem Einkauf, günstige Gelegenheitskäufe.

Nachteile: Höhere Zins-, Raum- und Personalkosten, gebundenes Kapital, Gefahr des Verderbs, der Überalterung und der Demodierung, Risiko sinkender Einkaufspreise.

6.05

a) (165000 + 195000) : 2 = **180000**

b) 720000 : 180000 = **4**

c) 360 Tage : 4 = **90 Tage**

d) Die eingeräumten Zahlungsfristen sind aus der Sicht des kostenbewussten Buchhalters viel zu lang, und deshalb sollten die Kunden schneller gemahnt werden. Allerdings besteht ein Zielkonflikt mit den Verkäufern, die ihre Kunden nicht mit Mahnungen verärgern wollen.

e) Anstatt in 60 Tagen wird schon in 20 Tagen bezahlt, d.h. 40 Tage früher. Dafür werden 2% Skonto offeriert. Aufs Jahr umgerechnet ergibt sich ein Zinsfuss von **18%.** (2% · 360 : 40 = 18%).

f) 30 Tage Zahlungsfrist entspricht einem Debitorenumschlag von 12 (Kontrollrechnung: 360 Tage : 12 = 30 Tage).

Der Debitorenbestand sollte **60000** betragen (720000 : 12 = 60000). Dies entspricht einem Drittel des effektiven Debitorenbestandes von 180000, da die durchschnittliche Debitorenfrist auf einen Drittel gesenkt werden soll (von 90 Tagen auf 30 Tage).

g) 10% von 120000 (das sind 180000 effektiver Bestand ./. 60000 Sollbestand) = **12000.**

6.06

a) (980 + 20) : [(80 + 120) : 2)] = 10 x

b) 360 : 10 = 36 Tage

c) (30 + 10) : 2 = 20 Tage (Dieses Unternehmen zahlt die Lieferantenrechnungen im Schnitt 16 Tage zu spät.)

d) Kreditorenumschlag bei 20 Tagen durchschnittlicher Kreditfrist = 18 (360 : 18 = 20). Durchschnittlicher Soll-Kreditorenbestand = 1000 : 18 = 55,6 (gegenüber effektiv 100).

6.07

a) ∅ Warenvorrat = Warenaufwand 450 : Lagerumschlag 9 = 50
Schlussbestand = Anfangsbestand 55 – Abnahme 10 = 45

b) EBIT 24 : Gesamtkapitalrendite 8% = Gesamtkapital 300.
Fremdkapital = 70% von 300 = 210.

c) Effektivverschuldung = Fremdkapital 210 – (flüssige Mittel + Forderungen) 60 = 150
Verschuldungsfaktor = Effektivverschuldung 150 : Cashflow 50 = 3

d) Ein Verschuldungsfaktor von 3 ist besser als ein solcher von 5.

6.08

Werte	Formel	Resultat
Anlagedeckungsgrad 2	(Eigenkapital 200 + langfristiges Fremdkapital 180) : Anlagevermögen 260	**146,2%**
Liquiditätsgrad 2	(Flüssige Mittel 24 + Forderungen 144) : kurzfristiges FK 120	**140%**
Gewinnmarge	(EBIT 100 – Zins 9 – Steuern 16) : Umsatz 1000	**7,5%**
Zinsdeckungsfaktor	(Cashflow 100 + Zins 9) : Zins 9	**12,1**
Verschuldungsfaktor	Effektivverschuldung = 300 – 24 – 144 = 132 Effektivverschuldung 132 : Cashflow 100	**1,3**
∅ Lagerdauer	∅ Warenvorrat 60 • 360 Tage : Warenaufwand 600	**36 Tage**
∅ Kreditorendauer	∅ Kreditorenbestand 104 • 360 Tage : Wareneinkauf 624	**60 Tage**

6.09

	Grösse	Berechnung
a)	Zahlungen an Lieferanten	**Kreditwareneinkäufe 400 + Kreditorenabnahme 40 = 440**
b)	Warenaufwand	**80% von 600 = 480**
c)	Lagerumschlag	**Warenaufwand 480 : ∅ Lagerbestand 60[1] = 8**
d)	Kreditorenfrist	**∅ Kreditorenbestand 80 : ∅ Tageseinkauf 1,11 = 72 Tage[2]**

1 Die Lagerabnahme beträgt 80, weil der Warenaufwand (= Lagerausgang) 480 beträgt und der Wareneinkauf (= Lagereingang) nur 400.

2 Oder in zwei Schritten: Kreditorenumschlag = Kreditwareneinkauf 400 : ∅ Kreditorenbestand 80 = 5. Kreditorenfrist = 360 Tage : Kreditorenumschlag 5 = 72 Tage.

6.10

a)

∅ Lagerumschlag	$\frac{\text{Warenaufwand}}{\varnothing\ \text{Warenbestand}}$	$\frac{1\,800}{500}$	**3,6**

b)

∅ Kreditorenfrist	$\frac{\varnothing\ \text{Kreditorenbestand} \cdot 360}{\text{Kreditwareneinkäufe}}$	$\frac{200 \cdot 360}{1\,600}$	**45 Tage**

c)

∅ Kreditorenbestand	$\frac{\text{Krediteinkäufe} \cdot \varnothing\ \text{Kreditorenfrist}}{360}$	$\frac{1\,600 \cdot 36}{360}$	**160**

d)

Zinsfuss (Skonto) für 40 Tage	3%
Zinsfuss für 360 Tage (Jahreszinsfuss)	**27%**

$$\frac{3\% \cdot 360\ \text{Tage}}{40\ \text{Tage}} = 27\%\ \text{p.a.}$$

e) Die meisten Zinsfüsse beziehen sich auf ein Jahr, damit sie sich miteinander vergleichen lassen (z. B. der Zinsfuss eines Sparkontos mit dem Zinsfuss einer Obligationenanleihe oder eines Kontokorrentkredites). Auch die Renditen beziehen sich auf ein Jahr.

f) Folgende drei Gründe sind am häufigsten:

- Der Lieferant braucht dringend Geld, kann aber aufgrund mangelnder Bonität keinen Bankkredit aufnehmen.
- Der Lieferant will das Delkredererisiko vermindern.
- Der Skonto ist branchenüblich.

6.11

a)

	Warenertrag	3 200 000
./.	Warenaufwand (75% von 3 200 000)	– 2 400 000
=	Bruttogewinn	800 000
./.	Gemeinaufwand	– 720 000
=	**Gewinn**	**80 000**

b) Durchschnittlicher Verkaufsumsatz/Mitarbeiter = 3 200 000 : 8 = **Fr. 400 000.–.**

c)

∅ Lagerdauer	$\frac{\varnothing \text{ Lagerbestand} \cdot 360}{\text{Warenaufwand}}$	$\frac{100000 \cdot 360}{2400000}$	**15 Tage**

d)

∅ Kreditorenbestand	$\frac{\text{Krediteinkäufe} \cdot \varnothing \text{ Kreditorenfrist}}{360}$	$\frac{2400000 \cdot 90}{360}$	**Fr. 600 000.–**

e)

	∅ Kreditorenbestand bei 90 Tagen	600 000	
./.	∅ Kreditorenbestand bei 30 Tagen	– 200 000	
	Zusätzlicher Kreditorenbestand	400 000	zu 6% = **Fr. 24 000.–**

Die Zinsersparnis beträgt Fr. 24 000.–, was etwa dem Personalaufwand für eine **halbe Verkäuferstelle** entspricht.

6.12

a)

∅ Debitorenfrist (20_1)	$\frac{\text{∅ Debitorenbestand} \cdot 360}{\text{Umsatz}}$	$\frac{8600 \cdot 360}{25800}$	**120 Tage**
∅ Debitorenfrist (20_2)	$\frac{\text{∅ Debitorenbestand} \cdot 360}{\text{Umsatz}}$	$\frac{9000 \cdot 360}{24000}$	**135 Tage**

b) Die Entwicklung ist ungünstig, da sich die Kundenzahlungen verzögern.

c) Man muss berücksichtigen, dass die Kunden einen Tag früher als 135 Tage bezahlen, weshalb in der Zinsformel die 360 Tage durch 135 Tage ersetzt werden müssen:

Berechnungsvariante 1

Zins	$\frac{\text{Kapital} \cdot \text{Zinsfuss} \cdot \text{Tage}}{100 \cdot 135}$	$\frac{9000 \cdot 8 \cdot 1}{100 \cdot 135}$	**5,3 Millionen USD**

Berechnungsvariante 2

Effektiver ∅ Debitorenbestand		9 000,0 Mio. USD
Angestrebter ∅ Debitorenbestand (bei einer ∅ Debitorenfrist von 134 Tagen)	$\frac{134 \cdot 9000}{135}$	8 933,3 Mio. USD
Differenzkapital		66,7 Mio. USD
Zinsgewinn	8% von 66,7 Mio. USD	**5,3 Mio. USD**

Berechnungsvariante 3

Zins	$\frac{\text{Ergebnis Buchhalterin} \cdot 360}{135}$	$\frac{2 \cdot 360}{135}$	**5,3 Millionen USD**

6.13

a)

		Deutschland	Schweden	Spanien
EBIT margin	EBIT-Marge	1420 : 35500 = **4%**	**846 : 14100 = 6%**	420 : 8400 = **5%**
Net working capital turnover	Umschlag des operativen NUV	35500 : 2800 = **12,7**	**14100 : 1090 = 12,9**	8400 : 800 = **10,5**
RONOA (ROIC, ROCE)	Rendite des investierten Kapitals	1110 : 14800 = **7,5%**	**676 : 6500 = 10,4%**	306 : 3400 = **9,0%**
EVA	Geschaffener Mehrwert	(7,5% – 8%) • 14800 = **– 74**	**(10,4% – 8%) • 6500 = 156**	(9% – 8%) • 3400 = **34**

b) Nur S. Lundgren in Schweden erhält einen Bonus.

Bei A. Schwab in Deutschland ist die EBIT-Marge und daraus folgend die Rendite zu tief bzw. EVA negativ.

S. Gonzales in Spanien scheitert am NUV-Management (zu lange Debitorenfristen und/oder zu hohe Vorräte).

6.14

a)

Kennzahl	20_4	20_3	20_2
EBIT-Marge	7,4 : 22,0 = **33,6%**	**4,9 : 18,9 = 25,6%**	2,9 : 18,9 = **15,3%**
Cashflow-Marge	7,1 : 22,0 = **32,3%**	**5,2 : 18,9 = 27,5%**	6,6 : 18,9 = **34,9%**
Gesamtkapitalrendite (ROA)	7,4 : 35,6 = **20,8%**	**4,9 : 37,1 = 13,2%**	2,9 : 37,8 = **7,7%**
Eigenkapitalrendite (ROE)	5,3 : 25,8 = **20,5%**	**3,6 : 28,0 = 12,9%**	1,9 : 28,7 = **6,6%**
Eigenfinanzierungs-grad	25,8 : 35,6 = **72,5%**	**28,0 : 37,1 = 75,5%**	28,7 : 37,8 = **75,9%**
Verschuldungsfaktor	(9,8 – 13,2) : 7,1 = **– 0,5**	**(9,1 – 12,6) : 5,2 = – 0,7**	(9,1 – 16,6) : 6,6 = **– 1,0**
Liquiditätsgrad 2	13,2 : 9,8 = **134,7%**	**12,6 : 9,1 = 138,5%**	16,6 : 9,1 = **182,4%**
Vorräte in % der Bilanzsumme	1,2 : 35,6 = **3,4%**	**0,8 : 37,1 = 2,2%**	0,8 : 37,8 = **2,1%**

b) Für den Kauf dieser Aktien sprechen die berechneten Kennzahlenwerte, die das Bild eines sehr soliden finanzierten, flüssigen und ertragsstarken Unternehmens abgeben:

- Sowohl die EBIT-Marge als auch die Gewinnmarge konnten erheblich gesteigert werden, was sich in guten Rentabilitätswerten niederschlägt. (Die Renditen müssen in risikoreichen und forschungsintensiven Hightech-Betrieben allerdings so hoch sein.)
- Die hohen Werte für den Eigenfinanzierungsgrad und den Liquiditätsgrad sowie der exzellente Wert des Verschuldungsfaktors weisen auf eine sichere Finanzierung und eine ausreichende Zahlungsfähigkeit hin.

Aus diesem Grunde ist der Kauf dieser Aktien langfristig zu empfehlen.

Die Investoren reagierten bei der Veröffentlichung der Zahlen allerdings sehr nervös, und der Börsenkurs fiel in den folgenden zwei Tagen um fast 10%. Den Grund für den kräftigen Abschlag bildete der **Anstieg der Lagerbestände** an fertigen Erzeugnissen um 50%, der Ängste bezüglich Absatzproblemen nährte.[1, 2]

1 Die Anleger achten bei Technologieunternehmen seit dem Platzen der Technologieblase im Jahre 2001 stark auf die Entwicklung der Lagerbestände, die als eines der ersten Signale für eine bevorstehende Krise der gesamten Branche gilt.

Allgemein ist bei vielen Hightech-Aktien (vor allem bei den Chip-Aktien) eine Art **Schweinezyklus** zu beobachten: In den Dreissigerjahren beobachtete ein Ökonom, dass die Preise für Schweinefleisch mit schöner Regelmässigkeit in einem Jahr in schwindelerregende Höhen und im folgenden Jahr in bodenlose Tiefen sausten. In dem Jahr mit hohen Preisen entdeckten die Bauern, dass sich mit Schweinen reichlich Geld verdienen lässt – und entsprechend produzierten sie ein Überangebot, das im nächsten Jahr zu Tiefpreisen führte. Übertragen auf die IT-Industrie kommt es zum Beispiel bei hohen Chip-Preisen zu vermehrten Investitionen und zu einem höheren Produktionsausstoss, der danach zu einem Überangebot und einem Preiszerfall führt.

2 In der Aufgabenstellung nicht enthalten sind typische Börsenkennzahlen: Worldweb wies zum Beispiel vor der Publikation der Geschäftsergebnisse ein **KGV (Kurs/Gewinn-Verhältnis)** von 30 auf, was grundsätzlich ein hoher Wert ist, sich aber für ein wachstumsstarkes Unternehmen im Hightech-Bereich im durchaus üblichen Rahmen bewegt. Allerdings basieren die KGV jeweils auf der Gewinnschätzung des nächsten Jahres (und nicht auf wirklich erzielten vergangenen Gewinnen), und die Gewinnerwartungen sind aufgrund der gestiegenen Lagerbestände gesunken.

Gesamtaufgaben

7.01

Passivenstruktur (Kapitalaufbau)

Kennzahl	Formel	Zahlen	Resultat
Fremdfinanzierungsgrad	Fremdkapital : Gesamtkapital	300 : 500	**60%**
Eigenfinanzierungsgrad	Eigenkapital : Gesamtkapital	200 : 500	**40%**

Aktivenstruktur (Vermögensaufbau)

Kennzahl	Formel	Zahlen	Resultat
Intensität des Umlaufvermögens	Umlaufvermögen : Aktiven	220 : 500	**44%**
Intensität des Anlagevermögens	Anlagevermögen : Aktiven	280 : 500	**56%**

Liquidität

Kennzahl	Formel	Zahlen	Resultat
Liquiditätsgrad 2	(Flüssige Mittel + Forderungen) : Kurzfristiges Fremdkapital	(8 + 124) : 100 = 132 : 100	**132%**
Liquiditätsgrad 3	Umlaufvermögen : Kurzfristiges Fremdkapital	220 : 100	**220%**

Anlagedeckung (goldene Bilanzregel)

Kennzahl	Formel	Zahlen	Resultat
Anlagedeckungsgrad 1	Eigenkapital : Anlagevermögen	200 : 280	**71%**
Anlagedeckungsgrad 2	(Eigenkapital + Langfristiges FK) : Anlagevermögen	(200 + 200) : 280 = 400 : 280	**143%**

Kapitalrentabilität

Kennzahl	Formel	Zahlen	Resultat
Rentabilität des Eigenkapitals (ROE)	Gewinn : Eigenkapital	30 : 200	**15%**
Rentabilität des Gesamtkapitals (ROA)[1]	EBIT : Gesamtkapital	(30 + 10 + 12) : 500 = 52 : 500	**10,4%**

Umsatzrentabilität

Kennzahl	Formel	Zahlen	Resultat
Bruttogewinnmarge	Bruttogewinn : Umsatz	480 : 1 200	**40%**
EBITDA-Marge	EBITDA : Umsatz	(480 – 180 – 208) : 1 200 = 92 : 1 200	**7,7%**
EBIT-Marge	EBIT : Umsatz	(92 – 40) : 1 200 = 52 : 1 200	**4,3%**
Gewinnmarge	Gewinn : Umsatz	30 : 1 200	**2,5%**

Cashflow-Analyse

Kennzahl	Formel	Zahlen	Resultat
Free Cashflow	Cashflow ./. Investitionen	80 – 60	**20**
Cashflow/Investitions-Verhältnis	Cashflow : Investitionen	80 : 60	**133%**
Cashflow-Marge	Cashflow : Umsatz	80 : 1 200	**6,7%**
Verschuldungsfaktor	Effektivverschuldung : Cashflow	(300 – 8 – 124) : 80 = 168 : 80	**2,1**
Zinsdeckungsfaktor	Cashflow vor Zinsen : Zinsen	(80 + 12) : 12 = 92 : 12	**7,7**

Aktivität

Kennzahl	Formel	Zahlen	Resultat
Kapitalumschlag	Umsatz : Gesamtkapital	1 200 : 500	**2,4**
Debitorenfrist	∅ Debitoren • 360 Tage : Umsatz	120 • 360 : 1 200	**36 Tage**
Lagerumschlag[2]	Warenaufwand : ∅ Vorrat	720 : 90	**8**
Kreditorenfrist	∅ Kreditoren • 360 Tage : Wareneinkauf	93 • 360 : (720 – 4) = 93 • 360 : 716	**47 Tage**

[1] Oder Gesamtkapitalrendite = EBIT-Marge • Kapitalumschlag = 4,33% • 2,4 = 10,4%.

[2] Lagerdauer = 360 Tage : Lagerumschlag = 360 : 8 = 45 Tage.

7.02

a) Bilanzstruktur

Kennzahl	Berechnung	Kurzkommentar
Anlageintensität	200 : 300 = 67%	Die Anlageintensität ist für einen Handelsbetrieb eher hoch, was tendenziell grössere Fixkosten zur Folge hat.[1]
Fremdfinanzierungsgrad	150 : 300 = 50%	Die Fremdfinanzierung ist eher tief, was sich positiv auf die Bonität auswirkt.
Liquiditätsgrad 2	54 : 60 = 90%	Die als Faustregel geforderten 100% sind nicht ganz eingehalten.
Anlagedeckungsgrad 2	(150 + 90) : 200 = 120%	Die goldene Bilanzregel ist eingehalten.

b) Kapitalrentabilität

Kennzahl	Berechnung	Kurzkommentar
Gesamtkapitalrendite	42 : 300 = 14%	Sehr gut.
Eigenkapitalrendite	30 : 150 = 20%	Sehr gut.

c) Umsatzrentabilität

Kennzahl	Berechnung	Kurzkommentar
Bruttogewinnmarge	240 : 600 = 40%	Ohne Branchenvergleichszahlen lassen sich diese Grössen nicht beurteilen. Immerhin lässt sich aus den hohen Kapitalrenditen schliessen, dass die Umsatzrenditen offensichtlich sehr gut sein müssen.
EBIT-Marge	42 : 600 = 7%	
Reingewinnmarge	30 : 600 = 5%	

d) Cashflow-Analyse

Kennzahl	Berechnung	Kurzkommentar
Free Cashflow	26 – 20 = 6	Ein Unternehmen muss langfristig fähig sein, aus dem Geschäftsprozess mehr flüssige Mittel zu erwirtschaften, als für die Investitionen benötigt werden. Dieses Unternehmen erfüllt diese Forderung: Der Free Cashflow ist positiv, bzw. das Cashflow/Investitions-Verhältnis liegt über 100%.[2]
Cashflow/Investitions-Verhältnis	26 : 20 = 130%	
Verschuldungsfaktor	(150 – 20 – 34) : 26 = 3,7	Tiefe Verschuldungsfaktoren (bis etwa 5) werden von Kreditgebern als sehr gut betrachtet.
Zinsdeckungsfaktor	(26 + 5) : 5 = 6,2	Hohe Zinsdeckungsfaktoren (ab etwa 3) werden von Kreditgebern als gut betrachtet.

e) Aktivitätsanalyse

Kennzahl	Berechnung	Kurzkommentar
∅ Debitorenfrist	Debitorenumschlag = 300 : 30 = 10 Debitorenfrist = 360 Tage : 10 = 36 Tage	**Das Zahlungsverhalten der Kunden ist sehr gut (entspricht der Zahlungsfrist von 30 Tagen ziemlich genau).**
∅ Kreditorenfrist	Kreditorenumschlag = 372 : 62 = 6 Kreditorenfrist = 360 Tage : 6 = 60 Tage	**Das Zahlungsverhalten dem Unternehmen gegenüber seinen Lieferanten ist nicht in Ordnung.**[3]
∅ Lagerdauer	Lagerumschlag = 360 : 40 = 9 Lagerdauer = 360 Tage : 9 = 40 Tage	**Diese Kennzahl ist sehr branchenabhängig. 40 Tage müssen aber für die meisten Handelsbetriebe als eher hoch betrachtet werden.**
Kapitalumschlag	600 : 300 = 2	**Ein Kennzahlenwert um 2 ist typisch für viele Handelsbetriebe. Die meisten anderen Branchen weisen deutlich tiefere Werte auf.**

1 Hier vor allem auf die betriebseigene Liegenschaft zurückzuführen.

2 Würde die Dividendenausschüttung bei der Berechnung dieser Kennzahlen zusätzlich berücksichtigt, ergäbe sich allerdings ein schlechteres Bild.

3 Dieses schleppende Zahlungsverhalten macht sich auch im nur knapp genügenden Liquiditätsgrad 2 bemerkbar.

7.03

Richtig sind:

1	**A**	5	**B**
2	**B**	6	**E**
3	**A**	7	**B**
4	**D**	8	**D**

7.04

	Geschäftsfälle und Buchungssätze	Anlage-intensität	Fremd-finanzie-rungsgrad	Liqui-ditäts-grad 2	Anlage-deckungs-grad 2	Eigen-kapital-rendite
a)	Barkauf eines Fahrzeugs **Fahrzeuge / Flüssige Mittel**	+	**0**	–	**–**	0
b)	Aufnahme einer Hypothek (Gutschrift auf dem Aktivkonto Bank) **Bank / Hypotheken**	–	**+**	+	**+**	0
c)	Ein Lieferantenkredit wird in ein langfristiges Darlehen umgewandelt **Kreditoren / Darlehen**	0	**0**	+	**+**	0
d)	Erhöhung des Aktienkapitals (Gutschrift der Einzahlungen auf dem Aktivkonto Bank) **Flüssige Mittel / Aktienkapital**	–	**–**	+	**+**	–
e)	Debitoren zahlen auf das Passivkonto Bank **Bank / Debitoren**	+	**–**	?	**0**	0
f)	Privatbezüge in bar durch die Geschäftsinhaberin **Privat / Flüssige Mittel**	+	**+**	–	**–**	+
g)	Zahlungen von Lieferantenrechnungen über das Aktivkonto Bank **Kreditoren / Flüssige Mittel**	+	**–**	?	**0**	0

7.05

Name	Berechnung	Wert von Tutto AG	Wert der Branche	Kurzkommentar
Eigenfinanzierungsgrad (Ende 20_2)	$\frac{72}{310}$	23,2%	30%	Die Eigenfinanzierung ist schlechter als branchenüblich, woraus sich gegenüber dem Darlehensgeber Bonitätsprobleme ergeben können. Mögliche Massnahmen zur Verbesserung sind: Dividendenausschüttungen reduzieren, künftige Gewinne steigern, Aktienkapital erhöhen.
Liquiditätsgrad 2 (Ende 20_2)	$\frac{133}{125}$	106,4%	70%	Der Liquiditätsgrad 2 ist höher als der Branchenvergleichswert. Auch die Faustregel von 100% wird von der Tutto AG eingehalten. Grund dafür ist allerdings hauptsächlich der zu hohe Debitorenbestand (vgl. die unten berechnete Debitorenfrist).
Gewinnmarge	$\frac{3}{600}$	0,5%	2,2%	Die Gewinnmarge ist bei der Tutto AG völlig ungenügend, was mit eine Ursache für die zu tiefe Eigenfinanzierung und die ungenügende Eigenkapitalrendite ist.
Rendite des Eigenkapitals	$\frac{3}{72}$	4,2%	16,3%	Als Folge der schlechten Gewinnmarge ist die Eigenkapitalrendite sehr schlecht. Sie ist sogar tiefer als der Zinsfuss für das Fremdkapital von ca. 5%.
Cashflow-Marge	$\frac{11}{600}$	1,8%	4,3%	Die Cashflow-Marge ist zu tief. Hauptgründe für den ungenügenden Geldzufluss sind die geringe Gewinnmarge sowie die Debitoren- und Vorratszunahmen.
Verschuldungsfaktor	$\frac{105}{11}$	9,5	4,3	Der Verschuldungsfaktor ist unbefriedigend. Schuld sind die hohe Verschuldung und der tiefe Cashflow.
Debitorenfrist	$\frac{360 \text{ Tage} \cdot 120}{600}$	72 Tage	30 Tage	Der Zahlungseingang der Debitoren ist schleppend, der Debitorenbestand zu hoch.
Kreditorenfrist	$\frac{360 \text{ Tage} \cdot 123}{410}$	108 Tage	30 Tage	Die Lieferantenrechnungen werden von der Tutto AG viel zu spät bezahlt, was zu Konflikten mit den Lieferanten führt.
Lagerdauer	$\frac{360 \text{ Tage} \cdot 40}{400}$	36 Tage	20 Tage	Die Lagerbewirtschaftung muss verbessert werden, weil die Ware zu lange an Lager liegt.

7.06

Kennzahl	Wert für Bergbahn J	Wert für Bergbahn P	Kurzkommentar
Fremdfinanzierungsgrad	25 939 : 31 060 = 84%	**37 384 : 52 236 = 72%**	Die Verschuldung bei J ist unter dem Aspekt der Sicherheit relativ hoch.[1]
Liquiditätsgrad 2	3 160 : 1 087 = 291%	**7 629 : 3 874 = 197%**	Die Liquidität ist hoch.[2]
Anlagedeckungsgrad 2	29 973 : 27 720 = 108%	**48 362 : 44 060 = 110%**	Die goldene Bilanzregel ist eingehalten.
Reingewinnmarge	697 : 12 662 = 5,5%	**877 : 21 597 = 4,1%**	P ist deutlich schlechter.
Cashflow-Marge	5 626 : 12 662 = 44,4%	**4 493 : 21 597 = 20,8%**	P weist für einen anlageintensiven Betrieb eine viel zu tiefe Cashflow-Marge auf.
Cashflow/Investitions-Verhältnis	5 626 : 7 234 = 78%	**4 493 : 7 247 = 62%**	Beide Bahnen sind zufolge unter 100% liegenden Werten auf Aussenfinanzierung angewiesen.
Personalintensität	3 373 : 12 662 = 26,6%	**8 258 : 21 597 = 38,2%**	Die viel zu hohen Personalkosten sind möglicherweise das finanzielle Problem von P.[3]
EBIT-Marge	1 867 : 12 662 = 14,7%	**2 451 : 21 597 = 11,3%**	P ist deutlich schlechter.[4]
Kapitalumschlag	12 662 : 31 060 = 0,41	**21 597 : 52 236 = 0,41**	Da Bergbahnen als anlageintensive Betriebe gelten, sind die Umschlagshäufigkeiten tief.
Gesamtkapitalrendite	1 867 : 31 060 = 6,0%	**2 451 : 52 236 = 4,7%**	Beide Bahnen weisen tiefe Werte auf. P ist ungenügend.[4]
Eigenkapitalrendite	697 : 5 121 = 13,6%	**877 : 14 852 = 5,9%**	P ist völlig ungenügend.[5]
Dividendenausschüttung in %	450 : 3 000 = 15%	**600 : 6 000 = 10%**	J schüttet eine um 50% höhere Dividende aus.

Aufgrund dieser Analyse ist der Kauf von Aktien der Bergbahn J zu favorisieren.

[1–5] Die Fussnoten sind auf der nächsten Seite.

1 Allerdings wirkt bei J der finanzielle Leverage-Effekt: Die Eigenkapitalrendite wird durch den vermehrten Einsatz von Fremdkapital gesteigert, da die Gesamtkapitalrendite über dem Zinsfuss für das Fremdkapital liegt.

2 Der Abschlusstermin ist bei beiden Bahnen Ende Mai, d.h. Ende Hauptsaison, sodass der Liquiditätsstand naturgemäss hoch ist.

3 Ohne weitere konkrete Kenntnisse des Betriebes kann nicht genau gesagt werden, welches die Gründe für diese hohe Personalintensität sind. Werden über dem Branchendurchschnitt liegende Löhne ausbezahlt? Sind die Sozialleistungen besser? Ist das Management schlecht?

4 Die Gesamtkapitalrendite von P entspricht nur etwa dem durchschnittlichen Zinsfuss für das (langfristige) Fremdkapital. Entweder muss die EBIT-Marge oder der Kapitalumschlag gesteigert werden. Dies wird von beiden Bahnen am besten durch eine Umsatzsteigerung erreicht, bei P kommt noch eine Senkung des Personalaufwandes dazu.

Bei dieser Gruppe von Kennzahlen wird auch das Hauptproblem anlageintensiver Betriebe deutlich: Infolge hoher Fixkosten ist die Höhe des Umsatzes (bzw. der Beschäftigungsgrad oder die Kapazitätsauslastung) entscheidend für die Gewinnerzielung.

5 Hauptursache für die schlechte Eigenkapitalrendite von P ist die ungenügende Reingewinnmarge, die wiederum eine Folge der zu hohen Personalintensität ist.

7.07

a) ► C Liquiditätsgrad 2 = (9 + 20) : 123 = 24%
► M Liquiditätsgrad 2 = (12 + 22) : 121 = 28%

Der Liquiditätsgrad 2 sollte normalerweise 100% betragen. Hier kann die zweckmässige Höhe nicht beurteilt werden, da die Liquidität bei beiden regionalen Genossenschaften zentral von der Konzernzentrale gesteuert wird.

b) ► C Eigenfinanzierungsgrad = (2 + 10) : 322 = 4%
► M Eigenfinanzierungsgrad = (3 + 141) : 561 = 26%

Der Eigenfinanzierungsgrad ist bei M infolge von grösserem Zuwachskapital (= Selbstfinanzierung) wesentlich höher.

c) ► C Selbstfinanzierungsgrad = 10 : 12 = 83%
► M Selbstfinanzierungsgrad = 141 : 144 = 98%

Es ist erstaunlich, was beide Genossenschaften mit dieser schmalen Grundkapitalbasis zu leisten imstande sind. Der Selbstfinanzierungsgrad bei M ist deutlich höher, weil das Gewinnaufkommen in den vergangenen Jahren offenbar wesentlich grösser war. Der Hauptvorteil einer grossen Selbstfinanzierung liegt darin, dass das erarbeitete Eigenkapital im Gegensatz zum Fremdkapital keine Zinszahlungen erfordert, was vor allem ein Kosten-, aber auch ein Liquiditätsvorteil ist.

Die Aussagekraft dieser Kennzahl ist allerdings beschränkt: Der hohe Selbstfinanzierungsgrad von C kann nicht über die grundsätzlich ungesunde Finanzierung (Fremdfinanzierungsgrad 96%) hinwegtäuschen. (Übrigens: Wenn sich das Grundkapital der Genossenschaft wegen Austritten von Genossenschaftern verkleinert, steigt der Selbstfinanzierungsgrad!)

d) Die goldene Bilanzregel wird mit dem Anlagedeckungsgrad 2 überprüft. Sie wird von C nicht und von M nur knapp eingehalten.

► C Anlagedeckungsgrad 2 = (187 + 2 + 10) : 226 = 88%
► M Anlagedeckungsgrad 2 = (296 + 3 + 141) : 451 = 98%

e) **Reingewinnmarge**

► C Reingewinnmarge = – 2 : 650 = – 0,3%
► M Reingewinnmarge = 5 : 2000 = 0,25%

EBIT-Marge

► C EBIT-Marge = (– 2 + 6) : 650 = 0,6% (0,62)
► M EBIT-Marge = (5 + 16) : 2000 = 1,1% (1,05)

Bruttogewinnmarge

► C Bruttogewinnmarge = (650 – 475) : 650 = 26,9%
► M Bruttogewinnmarge = (2000 – 1435) : 2000 = 28,3%

Cashflow-Marge

► C Cashflow-Marge = (– 2 + 19) : 650 = 2,6%
► M Cashflow-Marge = (5 + 76) : 2000 = 4,1%

Umsatz/m² Verkaufsfläche

► C Umsatz/m² = 650 000 000 : 62 460 = Fr. 10 407.–/m²
► M Umsatz/m² = 2 000 000 000 : 112 760 = Fr. 17 737.–/m²

Umsatz/Mitarbeiter

► C Umsatz/Mitarbeiter = 650 000 000 : 1 723 = Fr. 377 249.–/Mitarbeiter
► M Umsatz/Mitarbeiter = 2 000 000 000 : 5 695 = Fr. 351 185.–/Mitarbeiter

Arbeitsintensität (Personalaufwand in % des Umsatzes)

► C	Arbeitsintensität	= 97 : 650	= 14,9%
► M	Arbeitsintensität	= 364 : 2000	= 18,2%

Mietaufwand/m2 Verkaufsfläche

► C	Mietaufwand/m^2	= 39000000 : 62460	= 624.–/m^2
► M	Mietaufwand/m^2	= 37000000 : 112760	= 328.–/m^2

Kapitalumschlag

► C	Kapitalumschlag	= 650 : 322	= 2,0 (2,02)
► M	Kapitalumschlag	= 2000 : 561	= 3,6 (3,57)

M schneidet bei fast allen umsatzbezogenen Analysen deutlich besser ab. Auffallend ist die kleine Reingewinnmarge. Bei den personalbezogenen Kennzahlen liegt C mindestens kostenmässig vorn. Es ist möglich, dass die Mitarbeiter von C effizienter arbeiten. Auch denkbar ist, dass M durch vermehrten Personaleinsatz eine bessere Leistung (z. B. Bedienung im Laden) zu erreichen versucht. Die Zusammensetzung des Sortiments (z. B. Food/Nonfood) sowie die Verlagerung von bestimmten Produktionsprozessen auf andere Gesellschaften im Konzern können ebenfalls einen Einfluss haben. Möglicherweise sind die Sozialleistungen bei M besser.

f)	► C	Zinsfuss	= 6 : (123 – 46 + 187)	= 2,3%
	► M	Zinsfuss	= 16 : (121 – 121 + 296)	= 5,4%

Der von C ausgewiesene Zins ist viel zu niedrig. (Die Marktzinsen betrugen 20_2 etwa 7%.) «Subventioniert» der Konzern mit günstigen Darlehen?

g)	► C	Verschuldungsfaktor	= (123 + 187 – 9 – 20) : (– 2 + 19)	= 16,5
	► M	Verschuldungsfaktor	= (121 + 296 – 12 – 22) : (5 + 76)	= 4,7

Wegen der Hebelwirkung in dieser Kennzahl ist der Unterschied gewaltig: M's effektive Schuld beträgt nur das 4,7fache des Cashflows, während C ihren Cashflow 16,5-mal erarbeiten müsste, um sich zu entschulden.

Die Hebelwirkung beim Verschuldungsfaktor besteht darin, dass bei einer Verschlechterung der finanziellen Lage der Zähler (die Effektivverschuldung) steigt und gleichzeitig der Nenner (der Cashflow) fällt, sodass sich der Quotient überproportional verschlechtert.

h)	► C	CF/Investitions-Verhältnis	= (– 2 + 19) : 32	= 53,1%
	► M	CF/Investitions-Verhältnis	= (5 + 76) : 79	= 102,5%

M kann seine Ersatz- und Erweiterungsinvestitionen vollständig aus dem Umsatz bezahlen, während C für seine Investitionen verzinsliches Fremdkapital aufnehmen muss.

M hat auch einen viel höheren Gewinnanteil am Cashflow, der für Erweiterungsinvestitionen (und damit Wachstum) bzw. zur Schuldentilgung zur Verfügung steht. (Die Abschreibungsgegenwerte dienen zur Finanzierung der Ersatzinvestitionen.)

i)	► C	Kreditorenfrist	= 46 · 360 : 475	= 34,9 Tage
	► M	Kreditorenfrist	= 121 · 360 : 1435	= 30,4 Tage

Es besteht kein signifikanter Unterschied. Das rechtzeitige Bezahlen der Lieferantenrechnungen (in der Regel 30 Tage netto) gehört zum Image eines guten Unternehmens, das Interesse an langfristigen Beziehungen zu guten Lieferanten hat.

k) ► C Lagerumschlag = 475 : 67 = 7,1 ×
∅ Lagerdauer = 360 : 7,1 = 51 Tage

► M Lagerumschlag = 1435 : 76 = 18,9 ×
∅ Lagerdauer = 360 : 18,9 = 19 Tage

Der Lagerumschlag ist bei M deutlich besser. Schon in der Bilanz ist sichtbar, dass das Lager von C relativ hoch ist. Ein grosses Lager hat Kostennachteile: Finanzierungskosten, Raumkosten, Personalkosten, Gefahr des Verderbs und der Demodierung. Auf der anderen Seite kann ein hohes Lager ein grosses Angebot und eine reichhaltige Auswahl für die Kunden in den Läden bedeuten und deshalb den Umsatz steigern.

l) ► C Gesamtkapitalrendite = 0,62% · 2,02 = 1,25%
► M Gesamtkapitalrendite = 1,05% · 3,57 = 3,75%

Die Gesamtkapitalrendite wurde hier als Produkt aus EBIT-Marge und Kapitalumschlag berechnet, die bereits aus Teilaufgabe e) bekannt sind. Um die Rundungsdifferenzen klein zu halten, musste mit zwei Dezimalstellen gerechnet werden.

Die EBIT-Marge ist bei M um 69% höher als bei C, der Kapitalumschlag um 77%. C ist also bei beiden Kennzahlen etwa gleich viel schlechter. Die Ursachen könnte eine DuPont-Pyramide aufzeigen.

Die wirtschaftlich schlechter abschneidende C könnte durch neutrale Geschäftsfälle (z.B. durch Verkäufe von nicht mehr benötigten Liegenschaften und der damit verbundenen Auflösung von stillen Reserven) das Unternehmensergebnis geschönt haben. Aus dem Geschäftsbericht kann dies nicht mit Sicherheit eruiert werden.

m) Nein, weil C keine Aktiengesellschaft und auch keine Kredit- oder Versicherungsgenossenschaft (OR 858 Abs. 2) ist.

7.08

		Flughafen Zentraleuropa AG	Flughafen Nordeuropa AG
a)	Wie hoch sind die Abschreibungen (in Mio. Fr.)?	EBITDA 210 ./. EBIT – 62 = **Abschreibungen** **148**	**354** **– 151** **203**
b)	Wie hoch ist die Intensität des Anlagevermögens (auf eine Kommastelle)?	Anlagevermögen : Bilanzsumme = 3021 : 3147 = **96,0%**	**1970 : 2318 = 85,0%**
c)	Berechnen Sie den Fremdfinanzierungsgrad (auf eine Kommastelle)?	Fremdkapital : Bilanzsumme = 2468 : 3147 = **78,4%**	**631 : 2318 = 27,2%**
d)	Kommentieren Sie den Fremdfinanzierungsgrad des Flughafens Zentraleuropa AG.	Aus dem Blickwinkel der **Sicherheit** ist ein Verschuldungsgrad von 78% sehr schlecht. Hohe Schulden verursachen hohe **Zinszahlungen.** Hohe Schulden wirken sich negativ auf die **Bonität** (Kredit-Rating, Borrowing Power) des Unternehmens aus. Hier nicht relevante Vorteile einer höheren Verschuldung sind: ► Geringere Steuerbelastung dank Abzugsfähigkeit der Schuldzinsen. ► Positive Wirkung des finanziellen Leverage-Effekts auf die Eigenkapitalrendite.	Dieses Feld nicht ausfüllen
e)	Wie hoch ist die Börsenkapitalisierung (in Mio. CHF)?	Anzahl Aktien • Börsenkurs = 5,8 • 65 = **377**	**4,2 • 720 = 3024**
f)	Kommentieren Sie die Differenz zwischen Börsenkapitalisierung und Substanzwert.	Die Börsenkapitalisierung liegt weit unter dem Eigenkapital. Das Vertrauen der Kapitalanleger in die Zukunft dieses Unternehmens ist von Unsicherheiten geprägt. (Zusatzbemerkung aus der Praxis: Evtl. lassen sich die vielen Kleinanleger dieses Flughafens rascher verunsichern und verkaufen schneller als professionelle Investoren, was bei kleinem Handelsvolumen auf den Aktienkurs drückt. Vielleicht sind deshalb die Aktien unterbewertet.)	**Die Börsenkapitalisierung ist höher als das Eigenkapital.** **Die hohe Erwartungshaltung der Kapitalanleger in die Zukunft des Flughafens schlägt sich im hohen Aktienkurs nieder.**
g)	Berechnen Sie die EBITDA-Marge (auf eine Kommastelle).	EBITDA : Gesamtertrag = 210 : 520 = **40,4%**	**354 : 685 = 51,7%**
h)	Berechnen Sie den Zinsdeckungsfaktor (auf eine Kommastelle).	EBITDA : Zinszahlungen = 210 : 110 = **1,9**	**354 : 36 = 9,8**

		Flughafen Zentraleuropa AG	Flughafen Nordeuropa AG
i)	Geben Sie einen Kurzkommentar zum Zinsdeckungsfaktor des Flughafens Zentraleuropa AG.	Der Kennzahlenwert ist alarmierend schlecht. Die Zinszahlungsfähigkeit ist (vor allem in Anbetracht der hohen Verschuldung) sehr gefährdet. Die operative Marge (EBITDA) muss dringend verbessert werden.	Dieses Feld nicht ausfüllen.
k)	Beurteilen Sie die Zweckmässigkeit der Verwendung von EBITDA als Cashflow vor Zinsen.	Grundsätzlich entspricht diese Berechnungsart des Cashflows der Praktikermethode: Cashflow = Gewinn (vor Steuern) + Abschreibungen. Der Vorteil dieser Berechnungsmethode liegt in der Einfachheit. Allerdings entspricht diese Praktikermethode überhaupt nicht der korrekten Berechnungsweise des Cashflows. Vor allem die Veränderungen innerhalb des Nettoumlaufvermögens (Debitoren, Vorräte, Kreditoren, Transitorien) werden vernachlässigt. Ausserdem sind die Steuern als Ausgaben bei der Cashflow-Berechnung abzuziehen. Bei einem Flughafen mit hoher Anlageintensität und einer fast ausschliesslich langfristigen Kapitalstruktur ist EBITDA recht nahe am richtig berechneten Cashflow vor Zinsen.	
l)	Berechnen Sie den Verschuldungsfaktor (auf eine Kommastelle). Die Vorräte sind so unbedeutend, dass sie für diese Rechnung vernachlässigt werden können.	Effektivverschuldung : Cashflow = (2 468 – 126) : (210 – 110) = 2 342 : 100 = **23,4**	**(631 – 348) : (354 – 36) = 283 : 318 = 0,9**
m)	Wie hoch ist das Cashflow/Investitions-Verhältnis (auf eine Kommastelle)?	Cashflow : Investitionen = 100 : 680 = **14,7%**	**318 : 70 = 454,3%**
n)	Geben Sie einen Kurzkommentar zum Cashflow/Investitions-Verhältnis.	Der Flughafen Zentraleuropa AG ist mitten in einer Ausbauetappe. Er kann die Investitionen nicht aus der Geschäftstätigkeit finanzieren und ist auf Aussenfinanzierung (vor allem Fremdkapital) angewiesen. Aus der Praxis ist bekannt, dass Investitionen in Flughafen-Infrastrukturen in Zyklen von etwa 10 bis 15 Jahren erfolgen. So betrachtet sind die Investitionen des Flughafens Zentraleuropa AG eine Vorleistung für die Zukunft.	**Der hohe Free Cashflow ermöglicht die Rückzahlungen von Fremdkapital und die Auszahlung von Dividenden.**

7.09

Kennzahl	Migros	Wal-Mart	Kurzkommentar
Eigenfinanzierungs-grad	8400 : 16588 = **51%**	**45107 : 104912** **= 43%**	Beide sind mit einer relativ hohen Eigenkapitalquote gesund finanziert.
Selbstfinanzierungs-grad	8380 : 8400 = **100%** (99,8%)	**41341 : 45107** **= 92%**	Beide haben in hohem Masse Gewinne erwirtschaftet und zwecks Selbstfinanzierung thesauriert.[1]
Liquiditätsgrad 2	2984 : 3195 = **93%**	**7809 : 37418** **= 21%**	Der Wert ist bei Detailhandelsbetrieben normalerweise deutlich unter 100%, weil meist nur wenig Debitorenausstände bestehen. Migros verfügt über hohe Bestände an flüssigen Mitteln (13% der Bilanzsumme); Wal-Mart reduziert ihre flüssigen Mittel aus Effizienzgründen konsequent (5% der Bilanzsumme).[2]
Umsatz in CHF/USD je m^2 Verkaufsfläche	20013 : 1,5 = **13342**	**258681 : 60** **= 4311** **(zum Kurs 1.30 = 5604)**	Migros muss aufgrund der höheren Liegenschaftenkosten in der Schweiz effizienter arbeiten als Wal-Mart. Ausserdem sind die Verkaufspreise bei Wal-Mart wesentlich tiefer (extrem billige Waren, viele Importe aus China).
Umsatz in CHF/USD je Mitarbeiter	20013 : 81600 = **245257**	**258681 : 1400000** **= 184772** **(zum Kurs 1.30** **= 240204)**	Die Mitarbeiterproduktivität ist ähnlich, allerdings muss das deutlich tiefere Preisniveau bei Wal-Mart berücksichtigt werden.
Umsatzwachstum in % gegenüber Vorjahr	20013 : 19824 – 100% = **0,95%**	**258681 : 231577 – 100%** **= 11,70%**	Migros stagniert, Wal-Mart wächst kräftig.[3]

[1] Zu beachten ist, dass beim Selbstfinanzierungsgrad nur die Gewinnreserven (zurückbehaltene Gewinne) als Zähler berücksichtigt werden, nicht aber die Kapitalreserven (Agioeinzahlungen sowie käuflich erworbene Reserven gemäss Purchase-Methode der Kapitalkonsolidierung).
Das Beispiel von Migros zeigt, dass es sinnvoller ist, den Selbstfinanzierungsgrad in Prozenten des Eigenkapitals anzugeben statt in Prozenten des Grundkapitals, wie in der Praxis manchmal gelehrt wird: Erstens könnte man sich den so ermittelten Kennzahlenwert von Migros (8380 : 20 = 41900%) nicht recht vorstellen. Zweitens würde sich der Kennzahlenwert bei einem für Migros negativen Austritt von 10% der Genossenschafter deutlich verbessern (8380 : 18 = 46556%), was störend wirkt.

[2] Die transitorischen Aktiven und Passiven wurden wie in der Praxis üblich zu den Forderungen bzw. kurzfristigen Schulden gerechnet. Theoretisch dürften nur die transitorischen Geldforderungen (hier z. B. die aufgelaufenen Aktivzinsen) sowie die Geldschulden (hier z. B. die aufgelaufenen Passivzinsen) mit in die Liquiditätsanlayse eingerechnet werden.

[3] Der schweizerische Detailhandelsmarkt ist gesättigt und weist Überkapazitäten auf, sodass Wachstum nur zulasten von Konkurrenten möglich ist.
Die Analyse in dieser Aufgabe ist aus Arbeitszeit- und Platzgründen auf ein Jahr beschränkt. In der Praxis ist hingegen der Zeitvergleich von Kennzahlenwerten von grosser Bedeutung. Im Detailhandel muss z. B. vor allem der Umsatz- und Margenentwicklung über einen Zeitraum von fünf Jahren besonderes Augenmerk geschenkt werden. Ausserdem muss untersucht werden, ob ein Wachstum organisch oder durch Zukäufe anderer Unternehmen erfolgte.

Kennzahl	Migros	Wal-Mart	Kurzkommentar
∅ Lagerumschlag	11 815 : 1890 = **6,25** (Lagerdauer = 365 : 6,25 = 58,4 Tage)	**198 747 : 25 626** **= 7,76** **(Lagerdauer** **= 365 : 7,76 = 47,0 Tage)**	Wal-Mart ist effizienter. Bei beiden besteht für diese im Detailhandel wesentliche Kennzahl noch Verbesserungspotenzial.
Bruttogewinnmarge	8 198 : 20 013 = **40,96%**	**59 934 : 258 681** **= 23,17%**	Wal-Mart verfolgt eine absolute Billigpreis-Strategie, weshalb die Marge knapp gehalten werden muss. Migros ist in einer komfortableren Situation, wird aber durch Discounter aus dem Ausland künftig Konkurrenz erhalten.
EBIT-Marge	484 : 20 013 = **2,42%**	**15 025 : 258 681** **= 5,81%**	Trotz wesentlich höherer Bruttogewinnmarge[1] bleibt bei Migros «unter dem Strich» weniger. Dies liegt vor allem am deutlich höheren Personalaufwand inkl. Sozialleistungen (Wal-Mart ist in den USA als Lohndrücker verschrien, und die Sozialversicherungsbeiträge sind gering), und ausserdem ist der Raumaufwand in der Schweiz höher.
Kapitalumschlag	20 013 : 16 588 = **1,21**	**258 681 : 104 912** **= 2,47**	Wal-Mart erwirtschaftet mit einem investierten Dollar einen Umsatz von 2,47 Dollar. Bei Migros ist die Produktivität wesentlich geringer.
Gesamtkapitalrendite, ROA	2,42% • 1,21 = **2,93** (oder 484 : 16 588) = **2,92%**	**5,81% • 2,47** **= 14,35** **(oder 15 025 : 104 912)** **= 14,32%**	Da Wal-Mart sowohl die grössere EBIT-Marge als auch einen höheren Kapitalumschlag ausweist, liegen die Gesamtkapitalrenditen meilenweit auseinander.
Eigenkapitalrendite, ROE	427 : 8 400 = **5,08%**	**9 075 : 45 107** **= 20,12%**	Die höhere Gesamtkapitalrendite von Wal-Mart führt bei vergleichbarer Fremdfinanzierung zu einer deutlich höheren Eigenkapitalrendite.[2]

[1] Der zwischenbetriebliche Vergleich der Bruttogewinnmarge wird allerdings stark erschwert durch den Umstand, dass die publizierte Erfolgsrechnung bei Migros nach Kostenarten und bei Wal-Mart nach Kostenträgern gegliedert ist. Bei Migros ist die errechnete Bruttogewinnmarge zu hoch, weil ein Teil des Verkaufssortiments in konzerneigenen Fabriken hergestellt wird und der damit verbundene Gemeinaufwand nicht als Warenaufwand ausgewiesen wird.

[2] Allerdings unterscheiden sich die Zielsetzungen der beiden Unternehmen deutlich: Wal-Mart arbeitet weitgehend nach rein marktwirtschaftlichen, profitorientierten Grundsätzen und muss zuhanden der Aktionäre hohe Dividenden erwirtschaften. Migros fühlt sich einer umfassenden Umwelt- und Sozialpolitik verpflichtet und verfolgt gemäss Leitbild das Ziel, die Lebensqualität für künftige Generationen zu erhalten. Trotzdem müsste es für Migros aufgrund der Opportunitätskostenüberlegung und im Sinne einer wertorientierten Unternehmensführung (EVA-Konzept) möglich sein, eine kalkulatorische Verzinsung des Eigenkapitals von 8% zu erreichen.

Kennzahl	Migros	Wal-Mart	Kurzkommentar
Cashflow-Marge	1011 : 20013 = **5,05%**	**16316 : 258681** **= 6,31%**	Bei Migros ist die Cashflow-Marge zu gering, was mit Ursache für die ungenügenden übrigen Cashflow-Kennzahlen ist.
Cashflow/Investitions-Verhältnis	1011 : 1167 = **86,63%**	**16316 : 8312** **= 196,29%**	Migros erwirtschaftet keinen Free Cashflow, weshalb die Investitionen nicht vollständig aus der Geschäftstätigkeit finanziert werden können. Für Wal-Mart eröffnet der hohe Free Cashflow (auch nach Abzug der Dividendenausschüttung) ein grosses Wachstumspotenzial.
Verschuldungsfaktor	(8188 – 2984) : 1011 = **5,15**	**(59805 – 7809) : 16316** **= 3,19**	Der Wert von Wal-Mart ist sehr gut; Migros ist in Ordnung.

7.10

Massnahme	Auswirkungen
Anlagevermögen wird geleast. Dabei wird auf eine Bilanzierung verzichtet.	► Das Anlagevermögen und das Fremdkapital werden zu tief ausgewiesen. Damit wird die Bilanzstruktur verbessert. ► Die künftige finanzielle Belastung steigt.
Umsätze werden vorverlagert.	► Gewinne können durch das Auflösen stiller Reserven realisiert werden. ► Die Liquidität wird kurzfristig verbessert, wobei gleichzeitig die künftige Belastung steigt.
Der Kauf von erst später benötigtem Anlagevermögen wird vorverlagert.	► Der Umsatz wird erhöht und das Ergebnis verbessert. ► Die Forderungen steigen, die Vorräte sinken.
Sale and Lease-back	► Die Vorräte und Verbindlichkeiten sinken. ► Das Ergebnis wird verbessert.
Der Bezug von Rohstoffen wird nachverlagert.	► Die Abschreibungsmöglichkeiten steigen. ► Das Ergebnis wird verschlechtert.
Ausgaben für die Zukunftssicherung wie Forschung und Entwicklung oder Marktbearbeitung werden gedrosselt.	► Liquiditäten können verschoben werden. ► Gewinne und Verluste können kompensiert werden.
Unterschiedliche Abschlusstermine bei Mutter- und Tochtergesellschaften	► Gewinne können unter Umgehung des Imparitätsprinzips realisiert werden. ► Bilanz wird entlastet.
Anlagevermögen wird vorübergehend verkauft und nach dem Bilanzstichtag wieder zurückgekauft.	► Gewinne werden zulasten der langfristigen Unternehmenssicherung kurzfristig erhöht. ► Strategische Ziele werden aufgegeben, damit die operativen Zielsetzungen erreicht werden.

7.11

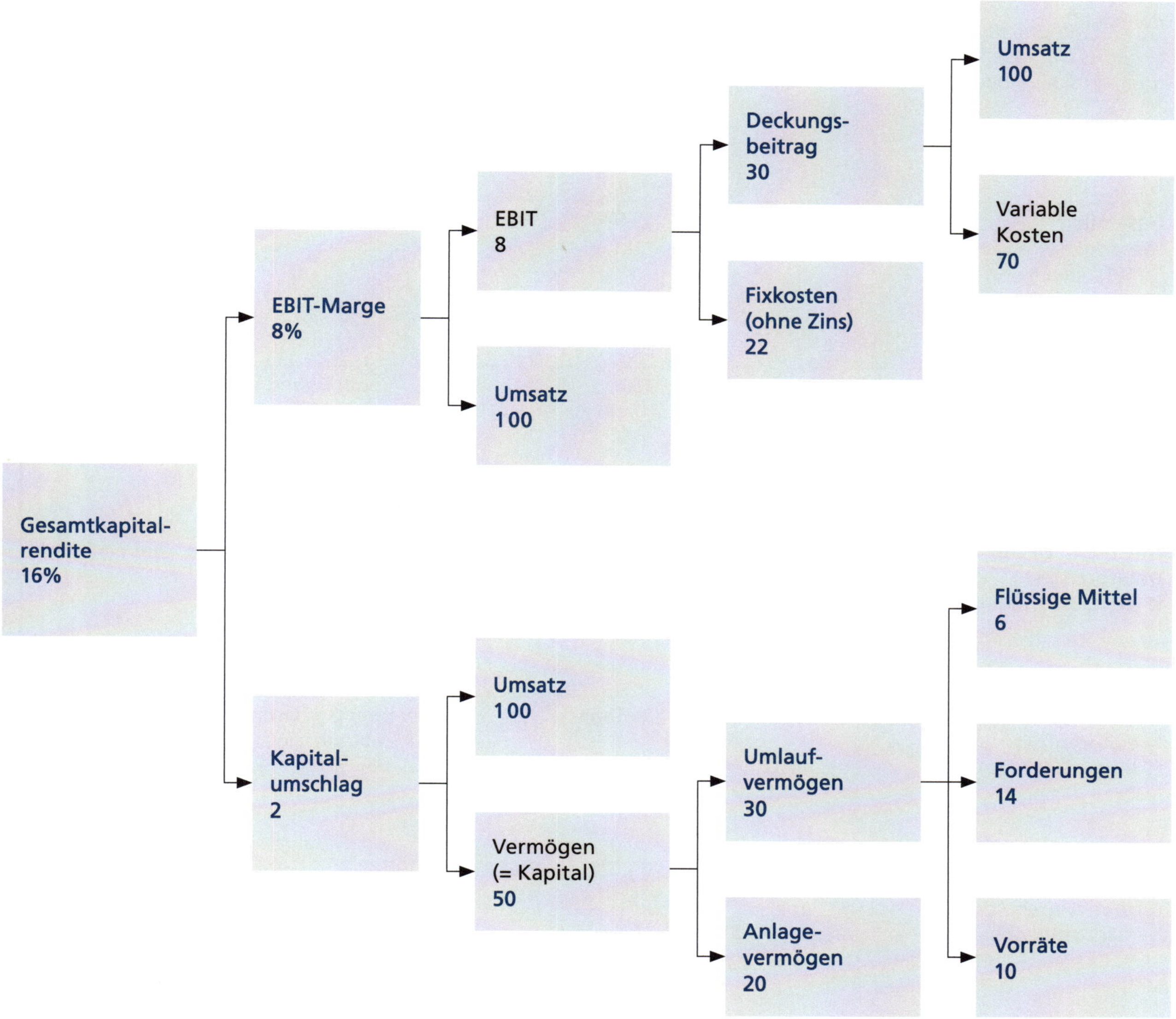
Gesamtkapital-
rendite
16%
EBIT-Marge
8%
EBIT
8
Deckungs-
beitrag
30
Umsatz
100
Variable
Kosten
70
Fixkosten
(ohne Zins)
22
Umsatz
100
Kapital-
umschlag
2
Umsatz
100
Vermögen
(= Kapital)
50
Umlauf-
vermögen
30
Flüssige Mittel
6
Forderungen
14
Vorräte
10
Anlage-
vermögen
20

7.12

Kennzahl	Berechnung	Resultat	Kurzkommentar
Liquiditätsgrad 2 (gemäss Schlussbilanz)	(25 + 110) : 91	**148,4%**	Sehr gut, gemessen an der Faustregel 100%.
Gesamtkapitalrendite (Gesamtkapital gemäss Schlussbilanz)	(75 + 15 + 10) : 630	**15,9%**	Gut, leicht über dem Branchenschnitt.
Durchschnittlicher Lagerumschlag	1 000 : 100	**10**	Ungenügend, im Branchenvergleich viel zu tief.
Durchschnittliche Debitorenfrist (1 Jahr = 360 Tage)	100 : 500 • 360 Tage	**72 Tage**	Viel zu lang, gemessen am Zahlungsziel.
Durchschnittliche Kreditorenfrist (1 Jahr = 360 Tage)	99 : 990 • 360 Tage	**36 Tage**	Knapp in Ordnung, gemessen am Zahlungsziel.
Verschuldungsfaktor (Effektivverschuldung gemäss Schlussbilanz)	(91 + 200 – 25 – 110) : 100	**1,6**	Sehr gut, gemessen an den Bankvorgaben.
Zinsdeckungsfaktor	(100 + 10) : 10	**11**	Sehr gut, gemessen an den Bankvorgaben.

7.13

Es empfiehlt sich, vor Beantwortung der Fragen die benötigten Grössen zu berechnen:

Bilanz

Aktiven		Passiven	
Flüssige Mittel	10	Kurzfristiges Fremdkapital	56
Forderungen	60	Langfristiges Fremdkapital	48
Vorräte	40	Eigenkapital	96
Anlagevermögen	90		
	200		200

Bei einem Kapitalumschlag von 2 ergibt sich ein Umsatz von 400. Der Cashflow beträgt 12 (3% von 400).

a)

Kennzahl	Berechnung	Resultat	Financial Covenants	
Eigenfinanzierungsgrad	96 : 200	**48%**	Eingehalten [X]	Nicht eingehalten [ ]
Liquiditätsgrad 2	(10 + 60) : 56	**125%**	Eingehalten [X]	Nicht eingehalten [ ]
Verschuldungsfaktor	(56 + 48 – 10 – 60) : 12	**2,8**	Eingehalten [X]	Nicht eingehalten [ ]
Zinsdeckungsfaktor	(12 + 3) : 3	**5**	Eingehalten [ ]	Nicht eingehalten [X]

b) Der Kredit wird grundsätzlich zur sofortigen Rückzahlung fällig. In der Praxis wird der Kredit oft zu veränderten Kreditkonditionen verlängert (mit höherem Zinsfuss, dem gestiegenen Risiko für den Kreditgeber entsprechend).

7.14

Nr.	Aussage	Richtig	Begründung bei falscher Aussage
1	Sofern stille Reserven bestehen, ist die Eigenkapitalrendite in der externen Rechnung höher als in der internen. Annahme: In der Periode wurden weder stille Reserven gebildet noch aufgelöst.	X	
2	Bei steigendem Zinsaufwand vermindert sich die Gesamtkapitalrendite.		Die Gesamtkapitalrendite bleibt unverändert (EBIT bleibt konstant).
3	Wenn Leasing bilanziert wird, steigt der Eigenfinanzierungsgrad.		Da durch die Bilanzierung des Leasings das Fremdkapital steigt, sinkt der Eigenfinanzierungsgrad
4	Durch den Verkauf einer Sachanlage gegen Barzahlung steigt der Anlagedeckungsgrad 2.	X	
5	Wird der Geldfluss aus Betriebstätigkeit gesteigert, erhöht sich der Verschuldungsfaktor.		Der Verschuldungsfaktor sinkt.
6	Ein negativer Geldfluss aus Betriebstätigkeit (Cashdrain) kann auch entstehen, ohne dass ein Verlust vorliegt.	X	
7	Durch Umwandlung eines Kreditors (Verbindlichkeit aus Lieferungen und Leistungen) in ein langfristiges Darlehen sinkt der Liquiditätsgrad 2.		Der Liquiditätsgrad 2 steigt.
8	In der DuPont-Pyramide wird die Eigenkapitalrendite in EBIT-Marge und Kapitalumschlag aufgegliedert.		Die Gesamtkapitalrendite wird aufgegliedert, nicht die Eigenkapitalrendite.
9	Je tiefer der Zinsdeckungsfaktor, desto besser die Bonität.		Die Bonität ist bei hohem Zinsdeckungsfaktor besser.
10	EBITDA unterscheidet sich gegenüber dem Geldfluss aus Betriebstätigkeit hauptsächlich durch Zinsen, Steuern sowie Veränderungen von Debitoren, Vorräten und Kreditoren.	X	

7.15

a) Die Gesamtkapitalrendite ist

- [ ] 10%
- [ ] 13%
- [x] 15%
- [ ] ein anderer Prozentwert

b) Die Bruttogewinnmarge beträgt

- [x] 40,0%
- [ ] 60,0%
- [ ] 66,7%
- [ ] ein anderer Prozentwert

c) Der Zinsdeckungsfaktor ist

- [ ] 4,3
- [ ] 8,3
- [x] 9,3
- [ ] ein anderer Wert

d) Der Debitorenbestand per 1.1.20_3 betrug

- [x] 35
- [ ] 40
- [ ] 45
- [ ] ein anderer Betrag

e) Der Selbstfinanzierungsgrad beträgt

- [ ] 12%
- [ ] 20%
- [ ] 50%
- [x] ein anderer Prozentwert (24%)

f) Die Eigenkapitalrendite beträgt

- [ ] 10%
- [x] 20%
- [ ] 50%
- [ ] ein anderer Wert

g) Mit steigender Intensität des Anlagevermögens verändert sich die Kostenremanenz tendenziell wie folgt:

- [x] Sie nimmt zu.
- [ ] Sie nimmt ab.
- [ ] Sie verändert sich nicht.
- [ ] Eine Aussage ist nicht möglich.

h) Die durchschnittliche Kreditorendauer beträgt (1 Jahr = 365 Tage)

- [ ] 29,8 Tage
- [x] 30,2 Tage
- [ ] 31,4 Tage
- [ ] ein anderer Wert

i) Der Kapitalumschlag beträgt

- [ ] 100%
- [ ] 40%
- [x] 2,5
- [ ] ein anderer Wert

j) Der Verschuldungsfaktor ist

- [x] 1,0
- [ ] 50%
- [ ] 100%
- [ ] ein anderer Wert

k) Der Zinsfuss für das Fremdkapital ist

- [ ] 3,0%
- [ ] 6,0%
- [x] 8,0%
- [ ] ein anderer Wert

l) Der Anlagedeckungsgrad 2 ist

- [ ] 58,3%
- [ ] 65,0%
- [x] 134,6%
- [ ] ein anderer Wert

m) EBITDA beträgt gemäss der vorliegenden Jahresrechnung

- [ ] 26
- [ ] 30
- [x] 60
- [ ] EBITDA lässt sich aufgrund der Angaben nicht berechnen.

n) Aus Sicht der Kredit gebenden Bank ist die Bonität des Kunden höher, wenn

- [x] der Zinsdeckungsfaktor hoch ist.
- [ ] der Verschuldungsfaktor hoch ist.
- [ ] der Fremdfinanzierungsgrad hoch ist.
- [ ] Keine der obigen Aussagen ist richtig.

7.16

a)

Geldflussrechnung 20_1

Geldfluss aus Betriebstätigkeit		
Zahlungen von Kunden (600 – 10)	590	
./. Zahlungen an Lieferanten (360 + 16 – 28)	– 348	
./. Zahlungen ans Personal	– 100	
./. Zahlungen für übrigen Aufwand	– 91	51
Geldfluss aus Investitionstätigkeit		
./. Kauf Mobiliar	– 23	
./. Kauf Fahrzeuge	– 48	
+ Verkauf Fahrzeug	8	– 63
Geldfluss aus Finanzierungstätigkeit		
+ Aktienkapitalerhöhung (Nominalwert)	8	
+ Agio aus Aktienkapitalerhöhung (25% von 8)	2	
./. Dividendenausschüttung	– 16	– 6
Abnahme flüssige Mittel		– 18

Cashflow (indirekt)

Gewinn	29
+ Abschreibung Mobiliar	8
+ Abschreibung Fahrzeuge	12
./. Debitorenzunahme	– 10
./. Lagerzunahme	– 16
+ Kreditorenzunahme	28
= Cashflow	51

b)

Kennzahl	Berechnung	Kurzkommentar
Rendite des ∅ Eigenkapitals	29 : 207,5 = **14%**	Die Eigenkapitalrendite war in der vergangenen Periode sehr hoch und braucht in der Geschäftsleitung nicht weiter besprochen zu werden. (Ob sich diese Rendite im nächsten Geschäftsjahr wieder erzielen lässt, muss aufgrund von Planungsrechnungen abgeschätzt werden. Die gestiegenen Lagerbestände weisen auf ein Absatzproblem hin, das sich ertragsmässig im nächsten Jahr auswirken könnte.)
Liquiditätsgrad 2 gemäss Eröffnungs- und Schlussbilanz	Eröffnung 104 : 80 = **130%** Schluss 96 : 108 = **89%**	Die Liquiditätslage verschlechterte sich deutlich. Als Faustregel für den Liquiditätsgrad 2 gilt ein Wert von 100%, den die Interhandel AG Ende Jahr unterschreitet.
Cashflow/Investitions-Verhältnis	51 : 63 = **81%**	Die Nettoinvestitionen können nicht aus dem Cashflow bezahlt werden, was eine wichtige Ursache für die ungenügende Liquiditätslage darstellt. Eine nähere Analyse drängt sich vor allem bei den hohen Fahrzeugkäufen auf.
∅ Debitorenfrist	Debitoren-umschlag = 450 : 90 = 5 x Debitorenfrist = 360 : 5 = **72 Tage**	Die den Kunden eingeräumte Zahlungsfrist von 30 Tagen wird massiv überschritten. Dies ist eine weitere Ursache für die ungenügende Liquiditätssituation. Es stellt sich die Frage, ob diese grossen Debitorenausstände durch ein verbessertes Mahnwesen vermindert werden können oder ob allenfalls mit grösseren Debitorenverlusten gerechnet werden muss.
∅ Lagerdauer	Lagerumschlag = 360 : 40 = 9 x Lagerdauer = 360 : 9 = **40 Tage**	Diese Frist kann ohne Angabe zur Entwicklung des Kennzahlenwerts über die letzten Jahre sowie ohne Kenntnis des branchenüblichen Durchschnittswerts nicht schlüssig beurteilt werden. Allerdings hat der Lagerbestand im Jahresverlauf um 50% zugenommen, was auf Absatzstockungen und überalterte Lagerbestände hinweisen könnte.
∅ Kreditorenfrist	Kreditoren-umschlag = 376 : 94 = 4 x Kreditorenfrist = 360 : 4 = **90 Tage**	Die von den Lieferanten gewährte Zahlungsfrist von 30 Tagen wird massiv überschritten. Die Interhandel AG wälzt ihr Liquiditätsproblem auf die Lieferanten ab, was normalerweise zu Problemen führt: Lieferanten liefern künftig nicht mehr oder nur gegen Vorkasse. Mit Betreibungen durch Lieferanten muss gerechnet werden.

c) Aufgrund der bedrohlichen Liquiditätslage müssen von der Geschäftsleitung sofort adäquate Massnahmen ergriffen werden. Beispiele sind:

- Durch ein verbessertes Mahnwesen können die Debitorenausstände vermindert werden.
- Eine systematische Lagerbewirtschaftung muss zur Verminderung der Lagerbestände führen, ohne dass die Lieferbereitschaft dabei abnimmt.
- Die Zweckmässigkeit der getätigten Neuinvestitionen in Mobiliar und Fahrzeuge ist zu überprüfen. Die entsprechenden Entscheidungs- und Kontrollprozesse müssen allenfalls angepasst werden.
- Sofern ein hoher Investitionsbedarf gerechtfertigt war und weiterhin damit zu rechnen ist, muss die langfristige Finanzierung durch Darlehensaufnahme oder Aktienkapitalerhöhung gesichert werden. Wenn dies nicht möglich ist, muss ein langfristiges Finanzleasing ins Auge gefasst werden.
- Angesichts der angespannten Liquiditätslage muss die Dividendenausschüttung deutlich reduziert werden, was allerdings die Möglichkeit von künftigen Aktienkapitalerhöhungen beeinträchtigt. (20_1 überstieg die Dividendenausschüttung die Aktienkapitalerhöhung, was finanzwirtschaftlich als wenig sinnvoll erscheint.)
- Sobald die Liquiditätslage stabilisiert ist, müssen die Kreditorenausstände abgebaut werden.

7.17

Berechnungen

Kennzahl	Formel	Zahlen	Resultat
Eigenfinanzierungsgrad	$\frac{\text{Eigenkapital}}{\text{Gesamtkapital}}$	$\frac{30}{150}$	20%
Liquiditätsgrad 2	$\frac{\text{Flüssige Mittel + Forderungen}}{\text{Kurzfristiges Fremdkapital}}$	$\frac{5 + 31}{50}$	72%
Rentabilität des Eigenkapitals	$\frac{\text{Gewinn}}{\text{Eigenkapital}}$	$\frac{3}{30}$	10%
Free Cashflow	Cashflow ./. Nettoinvestitionen	12 – 15	– 3
Debitorenumschlag	$\frac{\text{Kreditwarenverkäufe}}{\varnothing \text{ Debitorenbestand}}$	$\frac{75}{30}$	2,5
Debitorenfrist	$\frac{\text{360 Tage}}{\text{Debitorenumschlag}}$	$\frac{360}{2,5}$	144 Tage
Lagerumschlag	$\frac{\text{Warenaufwand}}{\varnothing \text{ Warenbestand}}$	$\frac{180}{20}$	9
Lagerdauer	$\frac{\text{360 Tage}}{\text{Lagerumschlag}}$	$\frac{360}{9}$	40 Tage
Kreditorenumschlag	$\frac{\text{Kreditwareneinkäufe}}{\varnothing \text{ Kreditorenbestand}}$	$\frac{180 + 8}{47}$	4
Kreditorenfrist	$\frac{\text{360 Tage}}{\text{Kreditorenumschlag}}$	$\frac{360}{4}$	90 Tage

Interpretationen

Kennzahl	Kommentar
Eigenfinanzierungsgrad	20% sind in der Regel zu tief.
Liquiditätsgrad 2	Die Norm von 100% wird deutlich verfehlt, was auf Zahlungsprobleme hindeutet.
Rentabilität des Eigenkapitals	Ein Wert von 10% gilt als gut. Allerdings wird dieser Satz hier auch dank tiefem Eigenfinanzierungsgrad erreicht.
Free Cashflow	Der Cashflow sollte langfristig höher sein als die Nettoinvestitionen, was hier nicht der Fall ist. Die Supermarkt AG kann die Gewinnausschüttung (basierend auf dem Vorjahresgewinn) nicht aus dem Free Cashflow bezahlen, weshalb das Unternehmen zur Schonung der Liquidität besser auf eine Dividendenausschüttung verzichtet hätte. Der Bestand an flüssigen Mitteln hat in der Periode gemäss Geldflussrechnung um 10 abgenommen.
Debitorenfrist	Das Management der Supermarkt AG muss dafür sorgen, dass die Grosskunden ihre Schulden rascher begleichen.
Lagerdauer	Die Lagerdauer ist deutlich zu hoch, was nicht nur höhere Kosten verursacht, sondern auch Fragen nach der Frische der Produkte aufwirft.
Kreditorenfrist	Die Supermarkt AG scheint ihre Lieferanten etwas zögerlich zu bezahlen, was die beim Liquiditätsgrad 2 festgestellten Zahlungsprobleme unterstreicht.

7.18

a) Wareneinkauf = Warenaufwand 288 + Warenvorratsabnahme 12 = 300
Kreditorenumschlag = Wareneinkauf 300 : ∅ Kreditorenbestand 30 = 10
∅ Kreditorenfrist = 360 Tage : Kreditorenumschlag 10 = 36 Tage

b) Lagerumschlag = Warenaufwand 288 : ∅ Warenvorrat 40 = 7,2
Lagerdauer = 360 Tage : Lagerumschlag 7,2 = 50 Tage

c) ∅ Lagerbestand = Warenaufwand 288 : 12 = 24

d) Vorteile: hohe Lieferbereitschaft, grosse Auswahl
Nachteile: Kosten (Raumkosten, Verzinsung u.a.)

e) Debitorenumschlag = 360 Tage : 36 Tage = 10
∅ Debitorenbestand = Kreditwarenverkauf 400 : 10 = 40
Schlussbestand Debitoren = Anfangsbestand 48 – Debitorenabnahme 16 = 32

f) Für eine um 40 Tage raschere Zahlung wird 3% Skonto offeriert.
Jahreszinsfuss = 3% : 40 Tage * 360 Tage = 27%

g) Die wichtigsten Gründe sind:
- Der Skonto ist branchenüblich (zum Beispiel Baubranche).
- Der Lieferant hat Liquiditätsprobleme, aber seine geringe Bonität erlaubt es ihm nicht, einen viel günstigeren Bankkredit aufzunehmen.
- Der Lieferant will das Delkredererisiko senken, indem er annimmt, dass seine Kunden bei Zahlungsschwierigkeiten zuerst seine Rechnung bezahlten.

h) ∅ Debitorendauer = 80% * 10 Tage + 20% * 30 Tage = 14 Tage

7.19

Generelle Vorbemerkung

Die Bonitätsprüfung ist eine anspruchsvolle Tätigkeit, die viel Erfahrung und grosses Können seitens der Kreditsachbearbeiter voraussetzt. Diese verfügen im Idealfall nicht nur über logisch-abstrakte, analytische Fähigkeiten, sondern auch über eine gesunde Portion Intuition und Menschenkenntnis.

Bei den nachfolgenden Ausführungen handelt es sich – mit Ausnahme der eindeutig quantifizierbaren finanziellen Kennzahlen – um einen **Lösungsvorschlag:** Verschiedene Kreditsachbearbeiter bei der gleichen Bank werden in der Beurteilung der nicht quantifizierbaren Grössen wie Managementeigenschaften, Stärken und Schwächen der Produkte oder Marktchancen und -risiken zu abweichenden Ergebnissen kommen und unterschiedliche Entscheide treffen.

In dieser Fallstudie kommt insbesondere der persönliche Eindruck des Kreditsachbearbeiters, wie er aufgrund des Gesprächs mit dem Kreditkunden bzw. beim Besuch des Malerbetriebs entsteht, nicht zum Tragen.

Teilaufgabe 1: a) Rating mithilfe des Punktebewertungsverfahrens

1. Qualitativer Teil

Kriterien	Punktwerte
Managementwechsel in den letzten drei Jahren	1
Alter der Firma	2
Relevante Betreibungen in den letzten drei Jahren	1
Dauer der Bankbeziehung als Privatkunde	1
Überschreitungen/Überziehungen in den letzten sechs Monaten	3
Charakterliche Eignung des Managements	2
Ausbildung und Fähigkeit des Managements	2
Nachfolgeregelung	4
Geschäftsidee/Produkte/Dienstleistungen	2
Konkurrenz	3
Abhängigkeiten	3
Buchhaltung	3
Branchenbeurteilung	3

Durchschnittliche Punktzahl aus dem qualitativen Teil = 30 : 13 = **2,3**

2. Quantitativer Teil

Kriterien	Berechnung des Kennzahlenwerts	Punktwerte
Eigenfinanzierungsgrad	140 : 467 = 30%	2
Liquiditätsgrad 2	(1 + 109 + 4) : (65 + 17) = 114 : 82 = 139%	2
Gesamtkapital-Rentabilität	(11 + 30) : 467 = 41 : 467 = 8,8%	1
Cashflow-Marge[1]	12 : 677 = 1,8%	3
Verschuldungsfaktor[1]	(65 + 17 + 245 – 1 – 109 – 4) : 12 = 213 : 12 = 17,8	4
Zinsdeckungsgrad[1]	(12 + 11) : 11 = 23 : 11 = 2,1	3

Durchschnittliche Punktzahl aus dem quantitativen Teil = 15 : 6 = **2,5**

Die Gesamtpunktzahl des Kunden ergibt sich als arithmetisches Mittel aus dem ersten und dem zweiten Teil des Punktebewertungsverfahrens:

Gesamtpunktzahl	$\frac{\varnothing \text{ Punktzahl 1. Teil} + \varnothing \text{ Punktzahl 2. Teil}}{2}$	$\frac{2{,}3 + 2{,}5}{2}$	**2,4**

Aufgrund der Ratingtabelle wird dieser Kunde in die **Ratingklasse C** eingestuft.

b) Kreditgewährung

- Grundsätzlich ist Hans Huber aufgrund des berechneten Ratings kreditwürdig, und der Kredit kann gesprochen werden.
- Die Kredithöhe von Fr. 100 000.– erscheint gemessen am Auftragsvolumen von Fr. 200 000.– eher zu hoch. Der Kreditsachbearbeiter wird den Kreditbetrag vielleicht bei Fr. 50 000.– festsetzen und eine Todesfallrisikoversicherungspolice in dieser Höhe einverlangen. Eine höhere Kreditgewährung wäre mithilfe von Zusatzsicherheiten in Form eines Schuldbriefs im 2. Rang auf der Geschäftsliegenschaft möglich, sofern eine freie Pfandmarge besteht.

c) Weitere Bedingungen

- Vor der Kreditauszahlung muss die Bank im Besitze der Versicherungspolice (inkl. Verpfändungsformalitäten) sein.
- Der vom Kunden des Malers unterschriebene Grossauftrag ist vor der Kreditauszahlung beizubringen.
- Der Maler muss sich schriftlich verpflichten, der Bank jährlich die Abschlussrechnungen einzureichen (innerhalb von drei Monaten nach dem Bilanzstichtag) und besondere Ereignisse der Bank sofort zu melden.

[1] **Cashflow-Berechnung 20_4**

	Gewinn	30
+	Abschreibungen	16
./.	Zunahme Debitoren	– 31
+	Abnahme Materialvorrat	5
./.	Zunahme angefangene Arbeiten	– 21
+	Zunahme Lieferantenkreditoren	13
=	**Cashflow**	**12**

d) Pricing

	Basiszinsfuss für erstklassige Kreditnehmer	5,0%
+	Risikozuschlag für Ratingklasse C	1,5%
=	Anzuwendender Zinsfuss	6,5%

Teilaufgabe 2:

a) Einige wichtige Auffälligkeiten in Bilanz und Erfolgsrechnung sind:

- Es ist ein starker Umsatzrückgang zu verzeichnen.
- Die Erfolgsrechnung weist einen Verlust aus.
- Die Eigenkapitalbasis ist infolge von Verlusten gesunken.
- Die angefangenen, noch nicht fakturierten Arbeiten sind relativ hoch.
- Die Bruttogewinnmarge ist rückläufig.

b) Kennzahlenwerte 20_6

Kriterien	Berechnung des Kennzahlenwerts	Punktwerte
Eigenfinanzierungsgrad	80 : 480 = 17%	3
Liquiditätsgrad 2	(1 + 80 + 3) : (48 + 17) = 84 : 65 = 129%[1]	2
Gesamtkapital-Rentabilität	(–50 + 16) : 480 = – 34 : 480 = –7,1%	4
Cashflow-Marge[2]	–10 : 585 = –1,7%	4
Verschuldungsfaktor[2]	(48 + 17 + 100 + 235 – 1 – 80 – 3) : –10 = 316 : –10 = –31,6	4
Zinsdeckungsgrad[2]	(–10 + 16) : 16 = 6 : 16 = 0,4	4

Durchschnittliche Punktzahl = 21 : 6 = **3,5**

Die Gesamtpunktzahl des Kunden ergibt sich als arithmetisches Mittel aus dem ersten (gegenüber Teilaufgabe 1 nicht veränderten) und dem zweiten Teil des Punktebewertungsverfahrens:

Gesamtpunktzahl	$\frac{\varnothing \text{ Punktzahl 1. Teil} + \varnothing \text{ Punktzahl 2. Teil}}{2}$	$\frac{2{,}3 + 3{,}5}{2}$	**2,9**

Aufgrund der Ratingtabelle müsste dieser Kunde neu in die **Ratingklasse D** eingestuft werden.

[1] Lösungsvariante: Würde der Bankkredit als kurzfristig betrachtet, verschlechterte sich der Liquiditätsgrad 2 auf 51%, was einen Punktwert von 4 und eine Einstufung in Ratingklasse E nach sich zöge.

[2] **Cashflow-Berechnung 20_6**

	Verlust	– 50
+	Abschreibungen	13
+	Abnahme Debitoren	8
+	Abnahme Materialvorrat	3
+	Abnahme angefangene Arbeiten	20
./.	Abnahme Lieferantenkreditoren	– 4
=	**Cashdrain**	**– 10**

c) Mögliche Massnahmen

- Sicher ist ein Kundengespräch nötig, bei dem das schlechte Geschäftsergebnis thematisiert wird und der Malermeister die ergriffenen Massnahmen zur finanziellen Gesundung schildert.
- Der Kreditsachbearbeiter muss abschätzen, ob die vorgeschlagenen Massnahmen zur Gesundung der Malerei ausreichen und ob der Umsatzrückgang bzw. der Verlust einmalig sind. Vielleicht hat sich der Maler ausnahmsweise verkalkuliert. Der Kreditsachbearbeiter empfiehlt Hans Huber eventuell die Anschaffung einer einfachen Kalkulationssoftware beim Malermeisterverband, damit sich solche Fehler nicht wiederholen.
- Abklärungen zum voraussichtlichen Ergebnis des laufenden Geschäftsjahres müssen getroffen werden. Wie hoch ist zum Beispiel der aktuelle Auftragsbestand? Wie entwickelt sich die Bruttomarge?
- Die Kreditüberwachung wird möglicherweise verstärkt, indem das Kontokorrentkonto des Kreditnehmers periodisch kontrolliert wird: Sind zum Beispiel die Debitoreneinzahlungen konstant? Werden Zinsen und Amortisationen ohne nennenswertes Überziehen des Kontokorrentkontos pünktlich bezahlt?
- Soll der Kreditvertrag neu ausgehandelt und dabei der Zinsfuss angehoben werden? Für Schuldner in der Ratingklasse D müsste eigentlich ein Zinsfuss von 7,5% angewandt werden. Soll die Bank eine baldige Rückzahlung des Betriebskredits verlangen und einen entsprechenden Amortisationsplan vorlegen (schliesslich gab der Maler die Abwicklung eines Grossauftrags als Begründung für den Kreditbedarf an, und dieser ist ja inzwischen abgewickelt)?